国家社科基金
后期资助项目
GUOJIA SHEKE JIJIN HOUQI ZIZHU XIANGMU

数字经济对减污降碳协同治理的影响研究

易　明等　著

科学出版社

北　京

内 容 简 介

本书主要挖掘数字经济在推动减污降碳协同治理中的作用机制及实践路径。本书构建了数字经济影响减污降碳协同治理的理论分析框架，分析数字技术创新、数字产业化、产业数字化和数字金融等因素如何通过不同机制促进减污降碳协同治理；对我国数字经济的规模及减污降碳协同治理水平进行量化测度，并揭示不同维度之间的时空异质性；运用实证分析方法，分析数字经济在各个领域的赋能作用，并基于此提出以数字经济赋能减污降碳协同治理的路径选择和政策措施建议。

本书适合从事环境经济学、产业经济学、区域经济学等领域研究的学者、高校教师及研究生使用，也可为政府决策部门、企业及相关机构提供实践指导和政策参考。

图书在版编目（CIP）数据

数字经济对减污降碳协同治理的影响研究 / 易明等著. --北京：科学出版社, 2025.6. --ISBN 978-7-03-082045-7

Ⅰ. X321.2；TK01

中国国家版本馆 CIP 数据核字第 2025VH7663 号

责任编辑：邓　娴 / 责任校对：姜丽策
责任印制：张　伟 / 封面设计：有道文化

科 学 出 版 社 出版
北京东黄城根北街 16 号
邮政编码：100717
http://www.sciencep.com
北京中石油彩色印刷有限责任公司印刷
科学出版社发行　各地新华书店经销
*
2025 年 6 月第 一 版　开本：720×1000　B5
2025 年 6 月第一次印刷　印张：13 1/2
字数：250 000
定价：156.00 元
（如有印装质量问题，我社负责调换）

国家社科基金后期资助项目
出版说明

后期资助项目是国家社科基金设立的一类重要项目，旨在鼓励广大社科研究者潜心治学，支持基础研究多出优秀成果。它是经过严格评审，从接近完成的科研成果中遴选立项的。为扩大后期资助项目的影响，更好地推动学术发展，促进成果转化，全国哲学社会科学工作办公室按照"统一设计、统一标识、统一版式、形成系列"的总体要求，组织出版国家社科基金后期资助项目成果。

全国哲学社会科学工作办公室

序

易明教授团队所著的《数字经济对减污降碳协同治理的影响研究》即将付梓，这部学术著作是以数字经济对减污降碳协同治理的影响机理和效应为研究对象，是近年来学界关于数字经济社会影响效应研究的重要成果。

在全球共同应对气候变化与生态环境危机的时代背景下，如何实现经济增长与生态保护的协同共进，是我国在高质量发展进程中亟待破解的核心课题。当前，我国正在全面推进绿色低碳转型，致力于在污染治理与碳减排的双重约束下探索可持续发展的新路径。数字经济的蓬勃发展，为这一目标的实现提供了前所未有的机遇。凭借强大的创新能力、广泛的产业渗透性和深远的社会影响力，数字经济正在深刻重塑污染治理与碳减排模式，加速推进降碳、减污、扩绿、增长。由此引起进一步思考，数字经济的发展活力如何才能有效转化为减污降碳的现实效益？数字经济如何在不同产业、不同地区、不同治理层级之间形成协同作用，以推动减污降碳协同治理目标的高效实现？回答上述问题，需要深刻把握数字经济影响减污降碳协同治理的内在机理，而这本著作也是在此背景下应时而生的成果。

易明教授团队在书中紧紧围绕"数字经济能否以及如何影响减污降碳协同治理"这一关键科学问题，构建理论分析框架，测算数字经济规模与减污降碳协同治理水平，并进一步探讨数字技术创新、数字产业化、产业数字化以及数字金融在推动减污降碳协同治理中的作用及机制。本书具有重要的理论价值和现实意义，不仅为学术界探索数字经济如何促进可持续发展提供了新的理论视角，也为政府部门制定相关政策提供了重要的决策参考。

《数字经济对减污降碳协同治理的影响研究》一书有以下四个特点。

一是指导思想明，方向把握准。该书以习近平生态文明思想为指导，紧扣绿色低碳发展，运用科技和数字经济赋能，突破性研究减污降碳的协同治理问题，这一鲜明的指导思想，明确的目标导向为研究奠定了坚实的基础。习近平生态文明思想蕴含"绿色发展""生态治理""美丽中国""生命共同体"等一系列标识性概念，构建起中国式现代化的生态文明话语体系，正在不断重塑中国经济绿色增长叙事。

二是逻辑清晰，体系完备。作者从理论分析入手，构建了数字经济影响减污降碳协同治理的逻辑体系，并通过严谨的实证研究加以验证。在结构安排上采用"理论—测度—实证—政策建议"的方式，对数字经济影响减污降碳协同治理的机理进行系统阐释，通过数据测算揭示数字经济规模与协同治理水平的现状，随后深入分析数字经济在不同维度对减污降碳协同治理的影响效应，并最终提出优化路径和政策建议，为相关研究提供了严谨且具有逻辑自洽性的理论框架。

三是理论扎实，方法严谨。该书充分借鉴现代经济增长理论、环境经济学理论、协同学理论等多个学科视角，系统分析数字经济影响减污降碳协同治理的内在机制。在测度方面，采用科学的量化指标体系，对我国数字经济发展规模与减污降碳协同治理水平进行了精细测算，并基于空间计量模型、面板数据分析等多种方法，揭示数字经济在不同维度对减污降碳协同治理的影响程度。研究过程数据翔实，方法论证充分，确保了研究结论的科学性和可信度。

四是视角独特，洞见深刻。该书不仅从学术层面深化了数字经济与减污降碳协同治理之间的关系研究，还结合我国实际，提出了具有针对性的政策建议。作者基于实证研究结果，指出当前我国在减污降碳协同治理中仍面临着政策协同不足、数据支撑薄弱、法律法规不健全等问题，并提出应从提升数字科技创新能力、强化产业数字化升级、优化数字金融支撑体系、健全多层次数字经济治理机制等多个方面入手，推动数字经济赋能减污降碳协同治理，为政府和企业提供切实可行的政策路径。

该书是对数字经济赋能减污降碳协同治理的一次系统性探索，既具理论深度，又富实践价值。值此出版之际，本人非常乐意向关注环境经济学、发展经济学等学科的学者推荐易明教授的这本新作。希望该书能为政策制定者、学界研究者和行业从业者提供有益参考，共同助力数字化时代的绿色低碳发展，为实现"双碳"目标和美丽中国建设贡献智慧与力量。

以上所言，是为序。

邹国文

前　言

当前，我国同时面临解决传统性生态环境问题和应对全球性气候变化问题，必须把实现减污降碳协同治理作为促进经济社会发展全面绿色转型的总抓手。数字经济（digital economy）是经济发展中最重要且最活跃的新动能，其"倍增器""稳定器"作用引领中国经济高质量发展优势已然凸显。数字经济具有高创新性、强渗透性和广覆盖性的特征，高创新性特征决定了其对减污降碳协同治理具有重要的创新驱动和引领性作用，而强渗透性和广覆盖性特征则能够进一步扩充数字经济，推动减污降碳协同治理向更广领域、更深层次发展，全面促进减污降碳的目标协同、空间协同、对象协同、措施协同、政策协同、平台协同等。总体上，理论研究和实践经验均证明，数字经济的规范、健康、可持续发展可以为实现减污降碳协同增效提供新思路、新方法、新途径。

本书主要探讨数字经济影响减污降碳协同治理的作用机制和异质性效应，尝试回答数字经济能否以及如何影响减污降碳协同治理这一关键科学问题。为此，本书从我国数字经济发展与减污降碳协同治理的基本现实着眼，首先，构建数字经济影响减污降碳协同治理的基本理论分析框架；其次，测度分析我国数字经济规模以及减污降碳协同治理水平；再次，揭示数字技术创新、数字产业化、产业数字化以及数字金融对减污降碳协同治理水平影响的时空异质性；最后，提出通过数字经济赋能减污降碳协同治理的实践路径。

通过理论分析和经验检验，本书指出，当前，减污降碳协同治理虽然已经上升为国家战略，但也面临政策协同不够，数据支撑不足，数字化、网络化、智能化水平低，法律法规不健全，资金缺乏支持等问题，这需要从总体上系统谋划，从资源流和能源流两个方面促进结构调整，加快实现全区域减污降碳协同增效，推动减污降碳协同治理政策与行动协同，提高减污降碳协同增效的数字治理能力。与此同时，还需要探索更多的新思路、新方法、新路径，而数字经济与减污降碳协同治理的融合就是一条可行的实践路径。从实证分析结果看，数字经济各维度——数字技术创新、数字产业化、产业数字化以及数字金融均能显著促进减污降碳协同治理，但促进效应大小存在差异，且作用效果存在明显的产业异质性、结构异质性和区域异质性。总体上，依靠数字经济赋能减污降碳协同治理，需要提高数字经济的赋能基础，加强数字科技创新力度，提升产业链、供应链稳定性和竞争力，加大数字人才培养力度，促进区域数字经济协调发展，统筹数据资源开发利用与数据安全，构建多元参与的数字经济治理体系。而从具体的赋能路径看，则需要统筹部署数字化减污降碳协同治理方案，从数字技术创新、数字产业化、产业数字化、数字金融等多个维度因地制宜地推出具体行动措施。

本书相对于已有研究的独到学术价值和应用价值体现在：一方面，数字经济和减污降碳协同治理具有丰富的理论内涵和时代特征，基于数字经济视角研究其对减污降碳协同治理的作用机制和影响效应，是资源环境管理、产业经济学、发展经济学、区域经济学等学科研究的重要交叉性学术问题，能够丰富相关学科的理论知识体系，为探索新时代深入推进数字经济高质量发展、实现减污降碳协同增效的可行路径提供理论依据，具有独特的学术价值；另一方面，探索实现数字经济赋能减污降碳协同治理的实践方向和相关政策，能够为政府部门制定相关政策提供决策参考，具有一定的政策应用价值。

本书是国家社会科学基金后期资助项目"数字经济对减污降碳协同治理的影响研究"（22FGLB037）的最终成果。在本书的撰写过程中，吴婷、张兴、管彦钰、张伟、刘冬、翟子瑜、易扬、彭甲超、刘雅芬、张天、徐舒静、叶阳晨、朱仕杰、夏东来等参与了部分章节执笔工作，在此向各位参编人员表示衷心的感谢。

需要说明的是，囿于篇幅，本书并未将原始数据和相关代码附后，如需要，可另与作者联系。

目　　录

第1章 数字经济与减污降碳协同治理的关系探讨

协同推进减污降碳是我国在新发展阶段全面绿色转型的必然选择。而发展数字经济是把握新一轮科技革命和产业变革新机遇的战略选择，数字经济的健康发展能够全方位赋能经济社会高质量发展，赋能减污降碳协同增效。

1.1 减污降碳协同治理是促进经济社会发展绿色低碳转型的重要抓手

正确处理减污与降碳是新时期推动绿色发展，促进人与自然和谐共生的重大理论和实践问题。党的十八大以来，我国生态文明建设实现了由重点整治到系统治理、由被动应对到主动作为、由全球环境治理参与者到引领者、由实践探索到科学理论指导的"四个重大转变"，生态环境质量持续改善，碳排放强度显著降低，美丽中国建设迈出重大步伐，协同推进减污降碳取得了重要进展。但也应当看到，当前我国同时面临解决传统性生态环境问题和应对全球性气候变化问题的重大挑战。为此，2022年全国生态环境保护工作会议强调，"'十四五'时期，我国生态文明建设进入了以降碳为重点战略方向、推动减污降碳协同增效、促进经济社会发展全面绿色转型、实现生态环境质量改善由量变到质变的关键时期"。党的二十大报告提出"协同推进降碳、减污、扩绿、增长"[1]，突出强调减污降碳协同增效的重要意义。在未来相当长的时间内，减污降碳协同治理将成为我国生态环境保护和能源利用领域的工作重心，也将成为促进经济社会全面绿色转型的重要抓手。而要实现减污降碳协同治理，既要从理论上明确减污降碳协同治理的内涵、外延与运行机制，又要全方位洞悉我国当前减

---

① 《习近平：高举中国特色社会主义伟大旗帜 为全面建设社会主义现代化国家而团结奋斗——在中国共产党第二十次全国代表大会上的报告》，https://www.gov.cn/xinwen/2022-10/25/content_5721685.htm[2025-02-02]。

污降碳协同治理水平，形成全面绿色低碳转型新标尺，更要基于经济发展规律和高质量发展方向为全面深化减污降碳协同治理探寻动能和开拓路径。

1.2　持续健康发展数字经济是推动中国经济高质量发展的现实选择

数字经济是当前经济发展中最重要且最活跃的新动能，对于提高经济发展韧性与活力，实现经济高质量发展具有重要意义。习近平总书记指出，"发展数字经济是把握新一轮科技革命和产业变革新机遇的战略选择""数字经济健康发展有利于推动建设现代化经济体系""数字经济健康发展有利于推动构筑国家竞争新优势"[①]。近年来，数字经济发挥其"倍增器""稳定器"作用，引领中国经济发展的优势已然凸显，实现了数字经济规模翻三番，在全球排名第二。进入新发展阶段，如何持续推动数字经济健康发展，进而赋能高质量发展成为新的历史命题。而这一命题的解决既需要科学研判我国数字经济发展的特征与趋势，又需要系统把握数字经济如何全方位渗透到经济社会发展的各个领域，发挥其新动能作用，实现经济发展的提质增速。

1.3　数字经济有望为提升减污降碳协同治理能力提供新思路、新路径

数字经济的强劲发展及其高创新性、强渗透性和广覆盖性特征使其能够成为我国减污降碳协同治理的动能和路径。习近平总书记提出"要推动传统产业高端化、智能化、绿色化，推动全产业链优化升级"[②]"充分发挥海量数据和丰富应用场景优势，促进数字技术与实体经济深度融合，赋能传统产业转型升级，催生新产业新业态新模式，不断做强做优做大我国数字经济"[③]，传统产业转型升级及其产业数字化、智能化、绿色化发展既是减污降碳协同治理的战略重点，又是数字经济成为经济高质量发展引

---

① 《习近平主持中央政治局第三十四次集体学习：把握数字经济发展趋势和规律　推动我国数字经济健康发展》，https://www.gov.cn/xinwen/2021-10/19/content_5643653.htm[2025-02-02]。

② 《习近平在广西考察：解放思想深化改革凝心聚力担当实干　建设新时代中国特色社会主义壮美广西》，https://www.gov.cn/xinwen/2021-04/27/content_5603266.htm[2025-02-02]。

③ 《习近平主持中央政治局第三十四次集体学习：把握数字经济发展趋势和规律　推动我国数字经济健康发展》，https://www.gov.cn/xinwen/2021-10/19/content_5643653.htm [2025-02-02]。

擎的重要彰显（吴德进和张旭华，2021）。而在实践层面上，2022 年《减污降碳协同增效实施方案》提出要强化科技支撑，实现减污降碳协同增效，加强科技创新能力建设，同时也提出了"智慧"和"智能"等数字经济相关的减污降碳协同治理实施手段。无论是在理论还是实践上，依靠数字经济实现减污降碳协同治理具有较强的可行性，在推动减污降碳协同治理、实现经济社会发展全面绿色低碳转型的过程中，要充分发挥数字经济新动能作用，推动数字经济对减污降碳协同治理各方面和各领域的全方位渗透，实现依靠数字经济推动减污降碳的目标协同、空间协同、对象协同、措施协同、政策协同以及平台协同。因此，深刻把握数字经济影响减污降碳协同治理的内在机理，以及数字经济实现减污降碳协同治理的效应与异质性，对于在绿色发展中推动数字经济健康发展、实现数字经济价值具有重要的理论与实践价值。

1.4　探索数字经济的减污降碳治理效应具有重要的研究价值

1.4.1　数字经济相关理论综述

数字经济这一概念最早由 Tapscott（1996）提出，他在《数字经济：网络智能时代的前景与风险》中将数字经济定义为：在智能网络环境中运行、以信息通信技术（information and communications technology，ICT）为支撑的社会经济运行新范式。随后，数字经济又经历了信息经济、新经济等发展阶段（陈晓红等，2022）。在不同的历史阶段，数字经济的内涵不断变迁，并没有统一的标准。在早期，数字经济的定义侧重于数字技术的开发及市场化应用，如 Kling 和 Lamb（1999）认为数字经济是从开发、生产到销售全生产过程中都依托于数字技术的商品或服务的经济。而随着对数字经济研究的不断深入，人们对数字经济的认识也越来越深刻，2016 年 G20 杭州峰会上，数字经济被定义为以使用数字化的知识和信息作为关键生产要素、以现代信息网络作为重要载体、以信息通信技术的有效使用作为效率提升和经济结构优化的重要推动力的一系列经济活动[①]，而这一定义也成为我国学术界目前比较认同的对数字经济内涵的解读（许宪春和

---

① 《二十国集团数字经济发展与合作倡议》，http://www.g20chn.org/hywj/dncgwj/201609/t20160920_3474.html[2025-02-02]。

张美慧，2020）。数字经济的特征主要体现在生产要素数据化（王勇等，2019）、产业发展融合化（Lakhani and Panetta，2007）、信息技术共享化（荆文君和孙宝文，2019）三个方面。

数字经济带来了诸多正面影响，逐渐掀起了研究热潮，国际目前主要关注的研究热点有数字技术及相关创新的发展和相关新兴数字经济模式的研究等，国内则主要着眼于数字经济的支撑要素（数据要素、数字技术）、数字经济与传统产业的融合（制造业、数字化、产业结构）、数字产业的发展（数字平台、数字治理）以及数字金融的发展（数字金融、普惠金融、金融科技）等。根据以上研究热点以及本书的主题，将数字经济的相关热点研究按照从发展到延伸的过程，对数字技术创新、数字产业化与产业数字化、数字金融、数字经济发展规模统计测度以及数字经济发展的经济社会效应等方面进行简要概述。

1. 数字技术创新

数字技术创新是数字经济发展的推动力量。数字技术的本质是规模化、智能化地采集、生产和使用信息（杨虎涛和胡乐明，2023）。目前，数字技术已经广泛渗透进群众的社会生活中（Gopal et al.，2003），早期对数字技术的研究往往局限于关注信息和通信技术系统，这些系统可以使信息标准化，并允许组织快速编码、存储、形式化和分发知识。当前，数字技术正在持续推进资源配置、生产方式、消费结构的不断更迭优化，促进技术经济形式不断朝着数字化、智能化的方向发展（Perez，1983），大数据、物联网、人工智能等现代化新兴数字技术与产品的涌现，使得传统产业企业通过数字技术创新实现转型升级，不断发挥数字技术创新带来的高质量发展效应（Sutherland and Jarrahi，2018）。

目前学术界针对数字技术创新的研究主要集中在四个方面，一是研究数字技术创新对微观组织行为及其绩效的影响。学者普遍认为，数字技术的快速发展为新的组织形式铺平了道路，特别是个人和组织之间增加的数据和知识交流在这一过程中发挥了重要作用（Vial，2019；Hanelt et al.，2021；Verhoef et al.，2021），而为了实现大规模的数字交换，人们越来越依赖于数字治理，数字治理利用算法协议来自动化控制、协调、激励和信任构建（Vaia et al.，2022；Hanisch et al.，2023）。数字技术创新有助于降低企业的内部管控成本，提升企业的投资决策质量和资产运营效率，增大企业对高技能劳动力的需求，特别是高创新度的颠覆性数字技术有利于企业出口质量升级（黄先海等，2023），进而促进企业全要素生产率提升（黄勃等，

2023）。此外，由于数字技术的可见性，数字创新可以通过提高创新速度和运营效率积极地影响制造业企业绩效（Volkoff and Strong，2013；Chatterjee et al.，2020；Sestino et al.，2020；Chirumalla，2021；Trocin et al.，2021）。二是比较研究区域间数字技术创新水平，例如，孙勇等（2022）用数字专利数量衡量了数字技术创新水平，并以长三角地区为对象，探究了数字技术创新的时空格局及影响因素。三是探讨数字技术创新对经济结构的影响，如孟庆时等（2021）在研究中揭示了数字技术创新对产业结构优化升级的作用机理。四是探讨研究数字技术创新可能带来的相关社会问题，如对失业的威胁，以及数字技术创新可能在技术安全、环境问题、可持续性、不平等、全球化等方面导致更多不可预测的挑战（Wang et al.，2008a；Gordon et al.，2016）。

2. 数字产业化与产业数字化

数字产业化是数字经济发展的构成要素。数字技术在实体经济中的应用与渗透，使得相关数字产品和服务在产业结构中占据越来越大的比重，最终形成了数字产业链和产业集群（李海舰和李燕，2020）。在早期，数字产业化研究的核心对象是信息通信产业，但是随着数字化时代进程不断加快，数字产业的范围逐渐扩展，包含数字贸易、数字产品制造等多元化内容（许宪春和张美慧，2020）。针对数字产业化，学者重点关注了数字产业发展趋势及空间格局演化（毛丰付等，2022），王俊豪和周晟佳（2021）根据实际发展数据分析了我国数字产业的现状及问题，并运用误差反向传播（back propagation，BP）神经网络预测了数字产业未来的发展趋势将会不断扩大。此外，宋旭光等（2022）通过测度数字产业化指数，验证了数字产业化发展可以提高全要素生产率并推动实体经济发展。

产业数字化是数字经济发展的必要延伸，其主要包括农业数字化、工业数字化、数字金融、电子商务几个方面（戴翔和马皓巍，2023）。产业数字化离不开数字技术的创新和应用，数字技术可以通过渗透效应，对传统产业进行改造，不断推动传统产业的数字化、智能化升级。由于数字技术对产业升级与经济高质量发展的推动作用，数字技术的应用也不断受到关注（郭美晨和杜传忠，2019），例如，信息通信技术、机器人技术等在传统行业中的应用，使得全要素生产率大大提高（李磊和徐大策，2020；Basu and Fernald，2007）。目前，学术界对于产业数字化的研究并不限于其本身，而是在于不同领域产业的数字化发展研究，例如，程翔等（2021）利用政策文本挖掘的方法研究了金融产业在进行数字化升级过程中的制度供给问题，并结合研究结论提出了有助于我国金融行业数字化转型升级的政策建议。Llopis-Albert 等（2021）利用模糊集定性比较分析法研究了汽车产业数字化转型对业务绩效与消费者满意度的影响，结果发现，汽车行业通过数字化升级令制造商获得更多的利润与更强的竞争力。此外，企业数字化转型在产业链群体中存在上下游联动效应（范合君等，2023），陶锋等（2023）发现，下游企业数字化转型能够通过推动供需匹配影响产业链和供应链韧性与供应质量，进而显著促进上游企业全要素生产率增长。

3. 数字金融

数字金融是数字经济发展的重要支撑。传统金融与新兴数字技术的创新融合，可以有效化解企业面临的金融风险和融资约束，促进金融业的高质量发展，助力数字经济的稳步健康增长（Bollaert et al.，2021）。从宏观层面来看，数字金融的发展有利于提高区域全要素生产率，唐松等（2019）利用空间杜宾模型（spatial Durbin model，SDM）对我国 31 个省区市的数据进行实证检验，结果发现，数字金融能在一定程度上弱化信息不对称的问题，从而令相关业务加速发展，有利于提升全要素生产率。滕磊和马德功（2020）运用数字金融指数对我国各省区市高质量发展指数进行回归分析，结果发现，数字金融能够促进区域高质量发展，并且有利于提升区域创新水平。从微观层面来看，数字金融可以降低企业投融资过程中的信息不对称风险（Strausz，2017）、促进企业进行技术创新，能够帮助企业融资便捷化，有利于增加企业的创新投入，从而实现创新驱动效应（唐松等，2020）。此外，数字金融的发展能够促进包容性增长，其通过优化金融业务的可得性与普惠性，提高了家庭与个人在金融市场的参与率，其支付业务通过促进消费方式和消费结构的数字化，改善家庭部门人力资本投资，促进代际教育流动（周广肃和丁相元，2023），增强电子商务促进农民增收的效果（周亚虹等，2023），促进家庭农场、农民专业合作社和农业企业的创立（黄祖辉等，2023），总体上有助于低收入、低资本的家庭开展创业活动（傅秋子和黄益平，2018；张勋等，2019；田鸽等，2023）。基于移动支付平台的数字金融服务能为非正规就业者带来数字红利并提高其收入，缓解非正规就业者的融资约束，提高非正规就业者的资金管理能力（邓辛和彭嘉欣，2023）。数字金融机构可以利用数字技术对潜在借款人的大量软信息数据进行分析，提高对企业管理者的外部监督效率，减少企业管理者实施财务欺诈的机会，进而可以有效抑制金融欺诈（Dai and Zhang，

2022；Sun et al.，2023）。

4. 数字经济发展规模统计测度

近几年中，随着数字经济在社会发展中地位的不断提升，数字经济发展规模测度的问题也引起了各类机构组织和学术界的高度重视。通过梳理和总结已有的研究结果，本书发现目前学者测度数字经济发展规模的相关方法可以归纳为四大类：第一类是运用生产法进行数字经济规模测度，基于国家发布的相关产品分类及产业分类明确数字经济规模核算的范围，同时借助相关系数进行调整（鲜祖德和王天琪，2022；许宪春和张美慧，2020）。第二类是运用投入产出分析法测度数字经济规模，将投入产出表中的数字产业类目与非数字产业类目分离，借助调整系数与数字产业增加值相乘，得到数字产业的投入产出表并进行相关测度（康铁祥，2008；贺铿，1989）。第三类是运用增长核算框架法对数字经济规模进行测度。该种方法将数字经济相关产业资本存量从 GDP 中分离，并计算出其对应的价值（蔡跃洲和牛新星，2021）。第四类是利用回归分析法测度数字经济规模。例如，腾讯研究院曾利用回归模型测度并校正了数字经济 GDP 总量（腾讯研究院，2017）。

而随着研究的不断深入，相关的测度方法也不断革新，有部分学者尝试选取部分代表性指标来构建指标体系以测度数字经济发展的综合指数。例如，王军等（2021）构建了包含四个维度的指标体系综合体现数字经济发展水平。此外，目前学术界也正在尝试通过构建中国经济卫星账户进行数字经济规模测度。向书坚和吴文君（2019）探讨了数字经济对现有核算方法存在的影响，并搭建我国数字经济卫星账户核算框架。罗良清等（2021）对数字经济的产业和产品进行分类以划分数字经济核算界限，并建立我国数字经济卫星账户基础框架。

5. 数字经济发展的经济社会效应

数字经济是高质量发展的新引擎，其发展带来的经济社会效益是多维度的（Wang and Shao，2023）。从宏观的视角来看，数字经济的发展有利于国民福利的增加和经济增长，并有利于引导产业扩散，促进区域产业的均衡发展（姚常成和宋冬林，2023），但是也会导致数字鸿沟，造成区域发展差距逐渐拉大。社会之间的连通性、教育、公共服务等都与数字经济的发展具有趋同性（Borowiecki et al.，2021）。互联网的发展带动了非农就业，并且有利于高效实现社会分工（田鸽和张勋，2022），提高劳动力、资本和技术等要素效率（戴魁早等，2023）。数字经济的发展能够改善中低技能劳动力的社会福利效应（柏培文和张云，2021），其社会参与和财富创造效应有利于增加居民基础性和享受性支出（陈梦根和周元任，2023），可以从微观与宏观层面促进经济高质量增长（荆文君和孙宝文，2019），并且，数字经济能够通过降低贸易成本和增强产业关联，显著推动全球价值链长度的增加，深化全球价值链分工（杨仁发和郑媛媛，2023）。需要注意的是，数字经济发展造成的数字鸿沟可能会加剧贫富差距问题，Jones和 Henderson（2019）就认为，如果没有政策干预，数字经济的发展将会进一步扩大相对繁荣的地区与落后地区之间的经济差距。

从微观视角来看，学者探讨更多的是数字经济发展对居民生活和企业运营的影响。数字经济的快速发展，潜移默化地影响了居民的工作方式和生活质量（Tranos et al.，2021）。尤其是在新冠疫情流行期间，远程医疗、在线办公、线上教育等数字软件得到了广泛应用，深刻地影响了人们的工作生活方式（Blom et al.，2021）。对于企业来说，数字经济发展带来对外开放水平的提高，将会影响企业的商业模式、国际化扩张战略及资源配置效率等，促进一些跨国业务的不断扩张，如金融服务、电子商务和电子游戏等（Stallkamp and Schotter，2021）。此外，Chatterjee 和 Kumar（2020）的研究结果显示，数字经济发展有利于企业供应链的智能管理，为企业发展增添动力。柏培文和喻理（2021）的研究结果则表明数字经济的发展能够减少企业价格加成，显著提高资源配置效率。

1.4.2　减污降碳协同治理相关理论综述

长期以来，污染治理和碳排放治理被当作两个分离的问题来进行讨论。之前学者已从经济发展（包群和彭水军，2006；Xu et al.，2023）、政府治理（陈诗一和陈登科，2018）、财政支出（Barman and Gupta，2010；Freire-González and Ho，2022）、财政分权（张克中等，2011；Phan et al.，2021）、环境规制（陶锋等，2021）、外商直接投资（许和连和邓玉萍，2012）等角度进行了研究。近年来，学者开始将减污和降碳放在一起进行研究，按照研究领域可分为污染物减排对碳减排的协同效应、碳减排对污染物减排的协同效应以及减污降碳协同治理水平评价和政策路径相关研究。

1. 污染物减排对碳减排的协同效应

污染物减排主要是通过减少固体废弃物、废水和废气来达到的。目前国内外众多学者已经证实，降低"三废"的排放量能够实现对二氧化碳等温室气体的协同减排。

一是固体废弃物治理对碳减排的协同效应。在固体废弃物治理方面，Kaplan 等（2009）对通过垃圾填埋场将气体转化为能源和将废物转化为能源等能源回收项目进行了研究，提出了这些能源回收项目每单位发电量的全生命周期排放因素，结果表明，填埋可以将固体废弃物转换为能量，从而降低了温室效应和其他污染物的排放量。Udomsri 等（2010）研究了东南亚国家进行混合双燃料燃烧，也即城市固体废弃物和天然气等高质量燃料混合燃烧的结果，发现复合双燃料循环比单燃料发电厂的复合电力效率高得多，并能有效减少二氧化碳等温室气体的排放。

二是废水治理对碳减排的协同效应。在废水治理方面，Kapshe 等（2013）选取印度古吉拉特邦苏拉特市污水处理厂的例子，对废水中的甲烷排放问题进行了案例量化研究，研究发现利用废水中的甲烷进行提取发电能大大减少污水处理厂的二氧化碳排放量。Keller 和 Hartley（2003）比较了一些案例研究中采用好氧或厌氧处理生活污水方法的二氧化碳产生量，发现主要使用厌氧工艺有可能在很大程度上消除对该工艺的任何净能源输入，从而消除化石燃料产生的二氧化碳，具体实现路径为将废水污染物的能量转化为甲烷，用于发电，为好氧过程以及厌氧阶段的混合提供动力，最终排放更少的二氧化碳（Qian and Liang，2021）。

三是废气治理对碳减排的协同效应。在大气污染治理方面，目前大部分的污染气体已显示出协同减少二氧化碳排放的作用。Nam 等（2013）利用中国经济的可计算一般均衡模型进行实证分析，发现我国的二氧化硫和氮氧化物排放控制目标将对二氧化碳排放产生重大影响，导致二氧化碳的减排量远远超过预先确定的二氧化碳强度目标所需减少的排放量。Yang 等（2018）选择钢铁行业作为代表性行业，利用多目标分析法比较了基于各种政策偏好和目标的潜在技术组合，结果显示旨在缓解 $PM_{2.5}$ 污染的政策与减少二氧化碳排放有很大的协同性。Liu 等（2013）在国际应用系统分析研究所（International Institute for Applied Systems Analysis，IIASA）开发的温室气体和空气污染相互作用与协同作用模型的基础上开发了一个城市规模的 GAINS（greenhouse gas and air pollution interactions and synergies，温室气体与空气污染相互作用和协同效应）模型，并以北京为例进行研究，发现空气质量政策和措施可以产生减少二氧化碳排放的协同效应。

2. 碳减排对污染物减排的协同效应

环境治理的实践证据表明，降低二氧化碳排放量可以产生污染物减少的协同作用（Anser et al.，2022）。如 Yang 等（2021a）采用能源经济模型、空气质量模型和浓度响应模型相结合的综合框架，评估了碳排放和污染物排放协同控制政策的政策效应，发现碳霾协同政策有利于改善空气质量；田春秀等（2006）利用我国区域环境与经济综合评价模型，比较二氧化硫和二氧化碳排放的常规情景与东部地区利用天然气后的情景，发现在东部地区利用天然气后的情景下的二氧化硫排放更少，即总碳排放减少可以减少天然气消费产生的污染物排放；傅京燕和原宗琳（2017）基于卡亚恒等式研究我国各省区市电力行业二氧化碳对二氧化硫的协同减排效应，得出结论：天津、江苏等地可以利用协同减排的方式进一步挖掘电力企业二氧化硫的减排潜能，云南、青海等地可以通过同样的方式减轻二氧化硫的排放压力。

进一步地，国内外学者还对碳减排补偿措施、碳排放权市场交易、国际气候协定等相关政策的协同效应进行了研究。基于一个使用 MARKAL（market allocation model，市场配置模型）框架的泰国长期能源系统模型，Shrestha 和 Pradhan（2010）研究了二氧化碳减排政策对泰国能源安全的影响，研究结果显示在30%的二氧化碳减排目标下，二氧化硫的排放量将比基本情况下的水平减少43%。Ramanathan 和 Xu（2010）按照《哥本哈根协议》中将全球平均温度上升控制在 2 摄氏度的要求设定政策情景，研究了限制二氧化碳排放政策对其他污染气体排放的影响，得出在这一政策情景下碳排放减少的同时甲烷、臭氧（O_3）和黑碳等污染物的排放也会减少的结论。Li 等（2021）利用双重差分模型考察了碳排放权市场试点政策的减污效应，并探讨了碳市场与大气污染的作用关系及其影响机制，研究结果表明：在减少碳排放的同时，碳市场试点的建立还能降低空气中二氧化硫、PM_{10} 以及 $PM_{2.5}$ 等的含量。

3. 减污降碳协同治理水平评价和政策路径相关研究

目前，国内外学者已从多角度对减污降碳协同治理效应进行了评估（van Vuuren et al.，2006）。目前研究重点主要可以分为两个方面：一是对减污降碳协同治理水平进行评价，学者采用多种学科交叉的方法，通过实证检验方法对协同治理水平进行定量测度（田嘉莉等，2022；高庆先等，2021）。二是对减污降碳协同治理政策路径进行了探索研究，学者从污染物协同治理的政策驱动机制及其效应出发，将政策效应与减污降碳协同治理水平的量化评估相结合，对不同行业、不同区域的减污降碳协同治理实现路径进行了具体分析（Nam et al.，2014；Jiang et al.，2020）。

1）减污降碳协同治理的水平评价相关研究

目前国内外有关减污降碳协同治理的研究大多涉及协同治理效果评

估问题。特别是在减污降碳协同治理水平评价研究中，已经有许多学者采用了包括减排量分解法、减排量比值法、减排量弹性系数法、$PM_{2.5}$-CO_2 协同指数法等在内的不同实证研究方法，并结合复合系统协同度（degree of the whole synergy，DWS）等模型对其进行了量化评价，具体研究方法如表 1-1 所示。

表 1-1　减污降碳协同治理水平测度的相关研究方法

序号	方法	具体计算过程	文献出处
1	减排量分解法	将减排工艺进行分解，分别计算工程措施减排量、管理措施减排量和结构措施减排量，直接用减排量来表示协同治理水平	李丽平等（2010）
2	减排量比值法	将污染物排放量按照因素分解为产值、单位产值的能源/煤炭消耗强度以及排放强度，分别计算二氧化碳减排量与二氧化硫减排量，用其比值来表示协同系数	顾阿伦等（2016）
3	二维四象限分析法	构建协同效应评估指数，用指数来表示协同治理水平，并根据指数绘制污染物减排和温室气体减排四象限图	高庆先等（2021）
		利用空间计量模型计算财政支出政策的污染物排放系数和碳排放系数，并根据系数绘制减污效应和降碳效应四象限图	田嘉莉等（2022）
4	减排量弹性系数法	核算大气污染物排放量和温室气体排放量，代入减排量弹性系数公式中进行计算，并用弹性系数来衡量协同减排程度	刘茂辉等（2022）
5	复合系统协同度模型	构建二氧化碳减排和大气污染控制绩效指标体系，利用协同度模型计算二氧化碳减排和大气污染控制的复合系统协同度	Yi 等（2022a）
6	$PM_{2.5}$-CO_2 协同指数法	整合 $PM_{2.5}$ 相关的健康影响和二氧化碳排放的社会成本评估，以及 $PM_{2.5}$-CO_2 协同指数评估，来评估 $PM_{2.5}$ 污染和二氧化碳排放的协同作用	Guan 等（2023）
7	全局参比的非径向方向性距离函数	测度 $PM_{2.5}$ 和二氧化碳边际减排成本，基于成本节约角度考量减污降碳协同效应	刘华军等（2023）

总结当前学者测度减污降碳协同治理水平的方法，可以发现关于减污降碳协同治理水平测度的研究开始较晚，但发展十分迅速，且测度方法呈现从简单到复杂，从片面到全面的变化趋势。具体来说其具有以下特点：一是当前的减排协同作用评价指标主要为排放物减排量、弹性系数等，该方法较适用于对某一具体的产业、地区的情况进行分析，而不能用于大规模、全地域的研究。二是当前的研究主要集中在水泥、钢铁等行业中，即微观层面，而对于国家宏观层面的综合评价尚存在研究空缺。三是对减污降碳协同治理水平评价的研究不够深入，未能将中间环节纳入计算过程中，而仅通过最终的排放量数据来进行测度。

2）减污降碳协同治理的政策路径相关研究

在减污降碳协同治理这一概念正式提出之前，就已有学者注意到了不同污染物间的协同治理问题，并对几种相互作用的污染物的政策制定提出了相关建议，如 Moslener 和 Requate（2007）建议通过发放适量的交易许可证来管理多污染物问题，具体来说，政府机构通过建立一个包含最优排放路径的超平面数字表并根据数据计算结果选择最佳的许可证数量。Stranlund 和 Son（2019）通过考虑一种污染物对另一种污染物的减排影响来寻找对这种污染物的最佳监管方式，得到结论：当一种污染物的排放是通过发放交易许可证来控制，它的政策选择不会受到另一种同样通过固定数量交易许可证控制的污染物的影响；当其共同污染物被征税控制时，对主要污染物的政策选择必须考虑它对共同污染物损害的预期影响。Akhmat 等（2014）研究了气候因素和空气污染之间的关系，采用面板协整、面板完全修正的普通最小二乘法和动态普通最小二乘法对 35 个发达国家的面板数据进行分析，得出减少温室气体排放的政策可以同时改变对人类健康和环境有负面影响的常规污染物排放的结论。

为制定精准高效的减污降碳协同治理相关政策措施，可以考虑先从重点行业、重点区域入手，以试点的方式在部分地区实施减污降碳协同治理相关政策措施（费伟良等，2021），已有部分学者对减污降碳协同治理政策措施在不同行业、不同区域的实施效果进行了分析。在不同行业研究方面，目前对电力、钢铁等污染物排放严重行业的研究最多，如 Jiang 等（2020）研究了在电力行业实施技术性和结构性措施来实现二氧化碳和大气污染的协同减排效应，认为技术性措施在减少空气污染方面有突出效果，结构性措施则更能实现减污降碳协同治理共同效益，Ma 等（2012）对我国钢铁行业的排污问题进行研究，通过建立物质流分析（material flow analysis，MFA）模型并生成 2006 年至 2030 年四种不同的二氧化硫行业排放情景来评估二氧化硫的排放潜力，发现单一的终端控制不能解决二氧化硫高排放的问题，必须结合两种或多种治理措施来缓解钢铁行业的污染物排放问题。在不同区域研究方面，基于京津冀城市群、长株潭城市群等特定区域的研究最多，如 Xu 等（2021）用温室气体和空气污染物的相互协同作用模型，定量评估了京津冀地区在实施蓝天保卫战时的二氧化碳减排量，发现北京的电力和供暖部门、天津的居民燃烧源及河北的工业燃烧源与二氧化碳减排产生的协同效应最高，唐湘博和陈晓红（2017）以长株潭城市群为研究对象，定量计算了区域内各地区的二氧化硫减排量和协同减排补偿标准，结果表明，设定协同减排补偿标准可以有效地促进区域间的协同减排管理。

进一步地，关于减污降碳协同治理的路径实现问题正在引起学者的注意。郑逸璇等（2021）从减污降碳协同增效的基本内涵出发，提出了系统的大气环境治理与碳减排的协同路径，即要大力推动行业节能增效，通过能效提升与用能结构优化的方式从源头减少排放。费伟良等（2021）、孙晶琪等（2023）、王芝炜等（2023）对工业园区减污降碳路径进行了深入分析，提出要从统一排污权管理、完善碳排放权交易制度、完善用能权交易制度、完善环境评价制度、优化产业结构、推动能源转型、加快工业园区智慧化建设、建设减污降碳协同治理示范园区等八个方面实现工业园区减污降碳协同治理。

1.4.3　数字经济影响减污降碳协同治理的相关理论综述

在数字经济减污效应的研究方面，目前普遍认为数字经济能够实现废气、废水和固体废弃物排放减少（魏丽莉和侯宇琦，2022；戴翔和杨双至，2022）。邓荣荣和张翱祥（2022）研究发现，随着数字经济的发展，各城市的各种环境污染物排放都得到了显著下降，其中数字经济发展对二氧化硫排放的影响最大，而对 $PM_{2.5}$ 排放的影响最小。Sun 等（2021）利用系统广义矩量法和中介效应模型考察了数字经济发展对工业废水排放的影响效果，实证结果表明数字经济极大地促进了产业结构的升级，从而减少了工业废水的排放。赵涛等（2020）研究证明数字经济发展不仅有助于减少二氧化硫、$PM_{2.5}$ 等大气污染物的排放，还有助于提高工业固体废弃物利用率。此外还有学者对数字经济的衍生概念如数字化、数字金融等对污染物排放的影响进行了研究，比如，庞瑞芝等（2021）对数字化影响环境治理绩效的机制与效果进行了研究，发现数字化可以显著提高包括废水、废气和废渣等在内的污染物再利用率；许钊等（2021）对数字金融的污染减排效应及其作用机制进行了实证检验，认为数字金融会通过其创业效应、创新效应和产业升级效应对污染减排产生正向影响；Wang 等（2022a）采用动态空间杜宾模型（dynamic spatial Durbin model，DSDM）考察了数字金融是否改善了我国的雾霾污染治理效果这一问题，得到了数字金融显著减少了雾霾污染且两者之间存在着非线性关系的结论。

在数字经济碳减排效应的研究方面，目前，国内外学者已经采用了包括分位数回归、中介效应、空间杜宾模型等在内的一系列模型方法对数字经济的降碳效应进行研究（Ma et al.，2022；Wang et al.，2022b，2022c）。总结学者的研究结论，关于数字经济对碳排放影响的主要观点可以分为两大类：第一，部分学者认为数字经济的发展可以有效减少二氧化碳排放且具有空间异质性（Lyu et al.，2023；王元彬等，2022）。Zhang 等（2022）

对数字经济和碳排放绩效之间的关系进行了研究，认为数字经济提高了碳排放绩效，且数字经济发展和碳减排绩效间存在着空间效应。徐维祥等（2022）发现数字经济发展存在明显的空间异质性，其会通过数字产业发展、数字创新能力以及数字普惠金融等因素发挥碳减排效应。谢云飞（2022）则对区域层面的数字经济发展和碳排放强度之间的关系进行了研究，并将数字经济分解为产业数字化和数字产业化进行进一步分析，研究发现数字经济发展显著降低了区域碳排放强度，数字产业化比产业数字化的碳减排效应更显著。杨刚强等（2023）构建了内生增长模型，分析数字经济的碳减排效应，发现数字经济能够通过技术进步、能源效率、技术多样化等途径来促进碳减排。还有学者探讨了企业社会责任在数字经济影响碳减排方面的作用，认为提升企业社会责任能够有效改善数字经济发展对低碳创新和碳减排的政策效应（Chen et al.，2023）。第二，另有一部分学者认为数字经济和二氧化碳排放量之间为倒"U"形关系并具有区域异质性（Sun et al.，2023；王香艳和李金叶，2022）。缪陆军等（2022）利用中介效应模型和空间面板模型探究了数字经济发展对碳排放的影响及作用机制，研究发现数字经济发展对二氧化碳排放量的影响呈现出倒"U"形的非线性特征。Li 和 Wang（2022）考虑了数字经济和碳排放之间的非线性关系，发现数字经济与碳排放的直接效应（direct effect）和空间溢出效应都呈倒"U"形关系，但数字经济对碳排放的影响存在区域异质性，西部地区的数字经济与碳排放之间为单调线性关系。

"十四五"期间，减污降碳已成为我国生态文明与环境保护的新热点，经济发展对减污降碳协同治理的影响效应也引起了学术界的广泛关注。有学者认为经济发展对污染减排、碳减排等问题具有负面影响。例如，刘茂辉等（2022）把经济发展指标纳入减污降碳协同效应评估体系中进行分析，得到结论：每增加 1% 的 GDP 会带来平均 0.24% 的空气污染物排放量降低和 0.07% 的温室气体排放量增加，但地区生产总值不属于对大气污染当量或温室气体的排放影响最大的因素。另有学者认为经济发展对空气污染、碳污染等的影响会随其浓度的变化发生变化。例如，Andrée 等（2019）研究发现，经济发展将从对一种不可再生资源的依赖转移到另一种不可再生资源上，导致空气污染和碳强度与经济发展的关系曲线为倒"U"形曲线。随着经济社会的不断发展，数字经济已经成为推动我国经济发展的重要力量，对我国经济转型、生态文明建设具有重要意义（荆文君和孙宝文，2019）。但目前只有少数学者将数字经济在减污降碳协同治理中的作用纳入模型中（Hu，2023），且没有形成相关的提升路径分析。

1.4.4　对现有研究的评价及本书拟解决的关键问题

数字经济时代的到来引起了一场新的市场变革，各行各业都受到了数字经济发展的影响，与此同时，我国政府也在积极推进数字化技术与经济、社会生活的深度融合，尤其强调其要与当前的生态环境治理问题相结合。目前国内外学者关于数字经济或减污降碳协同治理问题的研究成果为数字经济驱动减污降碳协同治理问题奠定了理论、方法和逻辑基础，具有重大启示作用，但仍存在需要完善的地方，具体如下。

第一，相关研究多侧重于数字经济对污染物排放或碳排放的单一影响问题，而关于数字经济对减污降碳协同治理影响效应的研究尚未正式起步，无法对数字经济的减污降碳协同治理效应做出合理的评价；第二，当前学者对于减污降碳协同治理水平的评价不够系统，相关研究更多侧重于某些政策指向明确的重点领域或重点区域，中国全域尺度及细分省域尺度的精细研究并不常见，且减污降碳协同治理指标体系没有将过程协同治理与结果协同治理进行有机统一，既不利于精准地提出减污降碳协同治理的政策路径，也不利于后续开展减污降碳协同增效的影响因素、效应测度和靶向路径等问题的研究；第三，缺乏对数字经济发展驱动减污降碳协同治理路径的系统性研究，提出的政策建议针对性不够强，导致难以分区域、分行业、分领域地提出可行的提升路径。

通过对数字经济与减污降碳协同治理相关文献的梳理，可以发现相关研究进展迅速且已取得巨大成果，但不可忽视的是，目前学术界涉及数字经济的研究尚处在起步阶段，关于数字经济驱动减污降碳协同治理的研究更是几乎没有，因此在今后的研究中还有很多问题需要深入探讨。

围绕数字经济与减污降碳协同治理，有以下关键问题需要予以关注。

第一，如何科学合理地测度减污降碳协同治理水平？这是本书希望回答的第一个问题。目前，聚焦区域尺度且将减污降碳协同治理的理论探讨与定量分析结合的研究并不常见。事实上，减污降碳协同治理是一个系统工程，与经济发展和社会进步紧密关联，因此，只有对区域减污降碳协同治理水平的现状有全方位的了解，才能更好地完善减污降碳协同治理体系。那么，在环境治理压茬推进的几年来，我国减污降碳协同治理水平如何？呈现出怎样的变化规律？这些效果和演变在不同省份和区域间又呈现怎样的特征？这些问题的回答将有助于更好推进减污降碳协同治理。

第二，数字经济能否成为推进减污降碳协同治理的有效手段？这是本书希望回答的第二个问题。数字经济具有高创新性、强渗透性和广覆盖性的特征，其高创新性满足依靠科技创新实现减污降碳协同治理的理论指导与实践践行，而其强渗透性和广覆盖性既能进一步激发创新性对减污降碳协同治理的影响效应，又能全面提升减污降碳协同治理中涉及的制度、要素、能源、产业等各个领域的数字化、智能化和智慧化水平，实现减污降碳协同治理质量和效率的提升。但是，数字经济的内涵和外延是极其丰富的，数字经济的发展依托于数据要素，但其价值实现既需要数字技术与产业发展（数字技术创新与数字产业化），又需要与其他实体产业与金融产业的深度融合（产业数字化与数字金融）。因此，数字经济能否实现减污降碳协同治理需要系统探究数字经济全链条的各个维度能否推动减污降碳协同治理。这一问题的回答有利于精准识别数字经济助力减污降碳协同治理的优势环节与约束性短板。

第三，数字经济如何影响减污降碳协同治理？这是本书希望回答的第三个问题。这一问题是第二个问题的扩展与丰富，数字经济链条的各个维度（数字技术创新—数字产业化—产业数字化/数字金融）具有不同的特征、属性与功能，也就导致了其影响减污降碳协同治理的机制和渠道存在差异，而深入解析数字经济链条的各个维度对减污降碳协同治理的影响机制与路径，并分析这些影响机制与路径在我国区域层面上的异质性，既关系到因地制宜地发挥数字经济动能及其价值的实现，更关系到减污降碳协同治理"一体谋划、一体部署、一体推进"的实践路径。

第四，怎样通过规范健康可持续发展的数字经济赋能减污降碳协同治理？对前述三个问题的理论探讨，最终目标还是要找到在实践中能够解决问题的途径，因此，探索并提出数字经济赋能减污降碳协同治理的实践路径将是本书的最终落脚点，也能体现本书的实际应用价值。

第2章 数字经济影响减污降碳协同治理的作用机制理论分析

数字经济涉及商业、市场、个人、社区和社会等多个层面（OECD，2014），具体包含计算机网络及其运行所需的数字化基础设施、使用网络系统进行的数字交易（电子商务）、用户设定和访问的数字内容（数字媒体）等（Barefoot et al.，2018）。随着信息通信技术的创新融合发展，数字经济正成为国民经济稳定增长的关键动力（OECD，2015，2017；向书坚和吴文君，2019；Zhao and Zhou，2022）。本章基于数字经济的理论脉络，重点阐释数字经济的内涵特征和运行机理；基于减污降碳协同增效的政策逻辑，深入分析减污和降碳的关系，凝练减污降碳协同治理的内涵与特征；最后从学理上解析数字经济对减污降碳协同治理的作用机制，并构建本书的理论分析框架，提出依靠数字经济推动减污降碳的目标协同、空间协同、对象协同、措施协同、政策协同以及平台协同。

2.1 数字经济的内涵、特征与运行机理

2.1.1 数字经济的概念内涵

1. 数字经济概念的提出

农业经济、工业经济后，随着经济与社会的不断发展，人类进入了一种新的经济形态——数字经济。在以数字化的形式为蓝本的前提下，利用互联网的广泛数据，发展能够大批处理数据的硬件设施与软件应用程序，利用现代信息通信技术进行产业结构优化与经济体制升级，推动社会生产和生活方式产生巨大变革（梅森，2017；赵立斌和张莉莉，2020）。

20世纪90年代，数字经济作为一个学术术语出现在经济合作与发展组织（Organisation for Economic Co-operation and Development，OECD）的报告中，该报告较为详细地阐述了未来数字经济发展的趋势特征。Negroponte（1996）从社会底层逻辑的角度对数字经济进行进一步描述，称其为一种"从原子走向比特"的经济，同时，这本书还预测了信息技术

的发展趋势及潜在价值。此后，Tapscott（1996）提出，相较于传统经济以实体的形式呈现信息流，数字经济却是以数字化的形式通过网络传递信息。20世纪90年代末，美国经济走势不断上扬，互联网泡沫不断膨胀。美国商务部于1998年和1999年作了主题为数字经济的报告，从政府的视角指出信息技术给经济带来的巨大变革，使得数字经济一词被社会所熟知（李国杰，2017；任保平等，2022）。

此后，世界各国对数字经济的概念也均有探讨。2002年，世界经济论坛发布的首份报告《全球信息技术报告 2001～2002》（The Global Information Technology Report 2001-2002）中就出现了数字经济一词。2009年，澳大利亚政府发布报告《澳大利亚数字经济：未来方向》，指出数字经济是依靠数字技术完成全球网络化。

从2008年到2011年，数字经济被定义为一种产业链内的"框架"或创新集群内的"活动"（Adner，2006；Papaioannou et al.，2009）。2012年，英国国家经济社会研究院发布的《大数据衡量英国数字经济》报告指出了数字化投入在数字经济中的重要作用。2015年到2019年，人们开始使用网络视角来定义数字经济，如将数字经济描述为"松散连接的生态系统"（Nambisan and Baron，2013）。世界各国和学术界对数字经济的概念达成高度共识是在2016年杭州召开的G20峰会上，多国领导人签署的《二十国集团数字经济发展与合作倡议》。这份政策性文件指出，"数字经济是指以使用数字化的知识和信息作为关键生产要素、以现代信息网络作为重要载体、以信息通信技术的有效使用作为效率提升和经济结构优化的重要推动力的一系列经济活动"（裴长洪等，2018）。该定义主要强调两点：一是数据充当新生产要素所发挥的关键作用，二是强调信息通信技术的核心作用（刘志毅，2019；宋爽，2021）。关于数字经济的概念还可以使用系统和网络视图来定义，包括框架、连接和智能设备几种内容或者视角。此外，数字经济的概念不断发展，目前变得更加复杂和普遍，从交叉的角度来看（Granstrand and Holgersson，2020），采用了五个关键词——参与者、操作、联系人、对象和发展，这些关键词包含了大多数专家在定义数字经济时所认同的全部组成部分，因此这五个关键词被用作数字经济的概念框架。

2. 数字经济的概念界定

随着研究的不断扩展与丰富，学者从不同视角对数字经济进行定义。例如，从要素资源配置角度看，数字经济是由数据的产生促进现有的生产要素之间的相互作用，从而导致生产方式和经济结构发生根本变化的一系列经济行为或经济形态（谢康和肖静华，2022）。从投入和产出角度来说，数字经济可以被视为数字化投入所带来的全部经济产出，这些数字化投入包含技能、设备和一些数字化产品（Knickrehm et al.，2016）。从组织结构视角来看，数字经济是指利用互联网、大数据等数字技术实现全球网络化的过程（DBCD，2013），是由无数个不断增加的节点连接在一起形成的多层次的复杂结构。从构成要素角度来看，数字经济可以被拆解为数据要素和数字技术两部分，其是指以包括数据要素在内的数字信息为核心资源，以网络为主要信息载体，以数字技术为动力，以一系列新模式和业态为表现形式的经济活动（陈晓红等，2022）。从组成部分角度来看，数字经济由数字化赋权基础设施、数字化媒体、数字化交易和数字经济交易产品四个部分所组成，是国家经济各个领域和多种数字化技术有机结合的重要产物（许宪春和张美慧，2020）。

随着时代发展，数字经济的内涵不断扩展，现已涵盖所有大规模应用的数字通信技术及相关数字工具的研发制造。它还将包括 OECD 对数字部门的定义，以及更广泛的部分——如 OECD 定义未涵盖的数字服务、零售和内容活动。同时，它将包括金融科技行业、公共部门和自由市场等，这些可以被视为在数字技术出现之前不存在的新型盈利方式。基于信息和通信技术的深入发展和广泛使用，可以提出一个更具体的数字经济的定义（Okpalaoka，2023），可以将数字经济描述为"数字技术经济产出的全部或者主要组成部分，并且具有基于数字商品和服务的商业模式"。这个定义是模糊的，但它也足够开放，可以随着时间的推移而改变，包括在线和数字商业模式创新。数字经济既包括主要的互联网行业，也包括广泛的在线活动。但这并不是说所有的数字活动都是数字经济的一部分。

总体上，对于数字经济的本质理解，达成共识的部分是以数据为关键要素，利用信息技术提供数字化的产品和服务。在已有研究基础上，本书将数字经济定义为"以数据要素作为核心生产要素，以数字技术创新为驱动力量，以数字产业化和产业数字化为关键引擎，以数字金融为必要补充，以数字化治理为重要保障的新型经济形态"[①]。在这种经济形态中，数据要素通过信息技术实现生产效率的提升，推进传统产业经济形态的显著改变，产生数字化的产品和服务，进而推动经济发展的质量变革、效率变革

---

① 科技、经济与金融三者之间休戚相关、相互影响，鉴于金融要素在数字产业化和产业数字化过程中的重要作用，本书专门将数字金融引入数字经济概念之中。在任保平教授的《数字经济学导论》中，也将数字金融作为中观维度数字经济的重要组成部分。

和动力变革。

3. 相关概念的比较分析

作为全新的经济形态与经济模式，数字经济是因信息技术与通信技术的进步而产生的。因此，依托信息技术与通信技术的更新和发展，历史上出现了与数字经济相关的概念群（表2-1）。

表2-1   数字经济相关概念的联系与区别

概念	维度	
	联系	区别
数字经济与知识经济、信息经济	数字经济中关键生产要素：数据为数字化的知识和信息	现象：知识、信息 本质：数字技术 时间轴顺序：知识经济、信息经济、数字经济
数字经济与新经济	目前关于新经济的特征描述包含数字产业对经济的驱动作用	新经济概念：适用性广，变化大 数字经济概念：相对稳定 时间轴顺序：新经济、数字经济
数字经济与网络经济、互联网经济	均是从技术角度定义经济形态	网络经济侧重：信息的传输 互联网经济侧重：信息的处理 数字经济覆盖：信息的采集、传输、处理

资料来源：根据相关文献整理

1）数字经济与知识经济、信息经济的联系与区别

从时间发展轴来看，出现的先后顺序为知识经济、信息经济、数字经济。数字经济已更新和发展为相对稳定的阶段。同时，知识、信息、数据均为数字技术在不同层次上的应用，随着通信与信息技术发展，应用维度不断扩展，形成不同的经济形态（马费成，1997）。

2）数字经济与新经济的联系与区别

新经济的概念具有历史阶段性，最初在20世纪90年代被用来形容美国"低通胀，高增长"的繁荣经济景象，后来被用于不同场合，概念变动较大。总体上看，新经济中的"新"主要表现在传统经济的创新升级，信息、知识等要素作用更为突出，产业结构进一步优化，创新在产业发展中起引领性作用。因此，新经济一词适用性较广且不同阶段的具体内涵变动较大，很容易混淆，不适用于描述信息技术革命以来的经济现象（任保平等，2022）。

3）数字经济与网络经济、互联网经济的联系与区别

网络经济被认为是依托互联网工具而开展的经济活动，被认为是生产消费的高级阶段。同时，网络经济又被称为网络产业经济，由不同的产业

构成，其中包括互联网。由于互联网社会用途日益广泛，人们对网络经济的理解更多基于互联网视角，互联网经济应运而生。另外，网络经济侧重新技术出现后人类进入网络化阶段的信息传输环节，互联网经济侧重智能化阶段下信息的处理环节。在数字经济作为全新概念被提出时，人们对数字经济的理解大多集中在互联网技术上，重点关注网络技术所带来的电子商务与电子业务的发展。随着概念的不断发展，数字经济在其他两个概念的基础上不断全面完善，其不仅覆盖信息的采集、传输、处理等全过程，还囊括了时间轴上完整周期的经济现象（汤潇，2018）。

4. 数字经济的三个维度

围绕数字经济的定义，可以将其划分为创新、产业和治理三个维度（图 2-1）来进一步分析其内涵和外延。

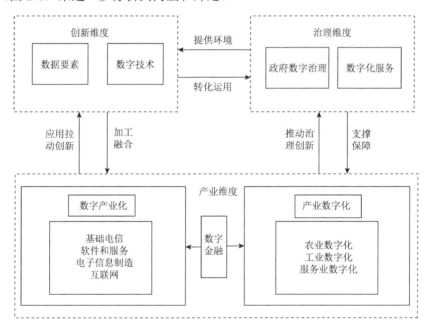

图 2-1　数字经济的三个维度

1）创新维度

创新维度包括数据要素创新和数字技术创新等方面。数字经济的迅速发展得益于信息技术与通信技术的进步以及数据的快速传播。从形成条件看，信息通信技术的创新与发展为数字经济开拓了市场，随着设备功能的日益强大和价格的不断降低，数据存储和处理的成本下降，促进了大量数据的收集和数据分析的应用。从微观角度上看，数字经济的主要推动力是数据的产生，随着通信与信息技术的发展，海量数据在终端间传播，其中包括但不限于公司、组织、个人，此外还包括机器与机器间的相互学习、AI 的自我学习等。

2）产业维度

产业维度主要包括"两化"：数字产业化和产业数字化。无论是新发展的 5G 技术（5th-generation mobile communication technology，第五代移动通信技术）、大数据算法，还是计算机硬件的升级、软件的编程、移动互联网的硬件与程序开发，都表明数字经济是一种依托于现有的实体经济产业进行有效信息交换与社会价值及商业价值传递的过程。此外，产业维度上不可忽视的一个要素是金融要素，特别是作为数字经济组成部分的数字金融，其能够为数字产业化和产业数字化提供资金支持，是"两化"的必要补充。

3）治理维度

治理维度主要指政府数字治理和数字化服务。政府数字治理包括数字政府、电子政务等，数字化服务包括智慧城市、数字交通、智慧校园、互联网+医疗等。例如，在电子政务平台上公民与政府部门的信息沟通能够在一定程度上提高政府的服务效率并促进惠民政策的落实推动，从而提高政府公信力；在医疗卫生系统中，通过使用患者电子管理系统、远程医疗系统等方式进行患者与医护的信息交互，能够极大提高信息管理效率，降低医务信息处理部门的工作压力。

5. 数字经济相关组成部分之间的关系

1）数据要素是数字产业化的加工对象和产业数字化的应用对象

数据要素是指把数据视作生产要素。其在市场上发挥的作用与劳动、土地、资本等传统生产要素相似，强调数据在调节生产关系、创新生产力方面的作用。数据要素作为数字经济深化发展的核心引擎，是促进数字技术与实体经济深度融合并推动经济高质量发展的重要抓手。和传统生产要素相比，数据要素具有三大特征，一是非稀缺性，包括两方面含义：一方面，在不考虑储存数据的物理设备消耗的情况下，认为数据量可以趋于无限开发；另一方面，数据并不会因为使用而消耗，不存在传统生产要素使用造成的污染等问题，甚至在使用过程中数据量可能会进一步增加。二是非均质性，数据要素的非均质性体现在每一单位的数据量所包含的完全不同的生产价值，数据量相同无法保证数据有效性也相同，故在比较企业价值时不宜用企业的数据量来进行衡量比对。三是非排他性，由于存在不可复制性，传统生产要素如劳动、资本等具有很强的排他性特征，而数据可以在同一时间被无数主体拷贝使用，体现为非排他性的特征。但同时也会带来搭便车等行为，可能影响数据的有效使用。

数字产业化是大数据、云计算、分布式技术等数字技术不断发展成熟并在市场上广泛运用，最终形成数字产业的过程（刘淑春，2019）。在数字产业化过程中，数据要素被视为关键的生产资料，经过数字技术的加工与利用，进而促进数字产业的形成和发展。具体来说，通过数字技术平台对数据这一生产要素进行分析整理，使其变为既能在企业内部流转又能在市场上交易流通的数据产品，从而实现数据要素的产业化、商业化和市场化。在此过程中，现有生产要素被重新组合，突破时间和空间界限，创造出新产业、新场景和新业态，以满足广阔市场中的长尾需求。

产业数字化是运用数字技术来提高传统产业的效率水平，从而扩大生产的规模和提升效率的过程（肖旭和戚聿东，2019）。在产业数字化领域，数据要素通过作为数字技术的应用对象发挥作用。数字技术和传统技术的结合促进了传统产业中数据要素的应用，进而改变了传统产业的商品和服务供给模式（Kee et al.，2023）。具体来说，如今只运用传统生产要素进行生产已无法满足企业效率提升的需求，以大数据为代表的数据资源成为核心生产要素。数据要素的运用和互联网等数字技术的扩张改变了传统的决策模式，通过应用数字技术对数据要素进行处理，从而形成有效的数据信息，推动企业决策模式从非互联网时代的"人与信息对话"转变为"人与数据对话"，甚至在未来可能实现"数据与数据对话"（何大安，2018）。

2）数字技术与实体经济融合促进了产业数字化并推动了数字产业化

数字技术是指借助现代计算机设备，通过编码、压缩等方式将传统形式的各种信息转换为能够被计算机识别的二进制数字的技术。在应用领域，数字技术是包括区块链、大数据、云计算、人工智能等在内的多种数字化技术的集称，此类数字化技术的迅速发展和普及应用催生了数字经济。根据数字技术的概念界定可以发现数字技术具有以下特征：一是可编辑性。可编辑性是指可以通过存取的对象来修改数字技术的能力。数字信号能把任意的模拟信号转换为二进制数字，使得数据呈现高度同质性的特点，数字内容能够与来自其他设备的数据进行交互重组，从而使媒体设备与数字内容相分离（蔡莉等，2019）。二是可扩展性。可扩展性是指在短时间内以快速且低成本的方式进行硬件或软件的修改和革新来实现对大量商业活动管理的能力（Nambisan，2017）。三是自我迭代性。数字技术可以通过自身的可编辑性和可扩展性特征来实现自身的技术革新，而其他主体则可以利用这些特征来完成数字技术的迭代升级（Zittrain，2006）。四是开放性。数字技术的上述特征决定了它在共享时是不受限制的，小公司和大公司一样享有使用数字技术的权利（Nambisan，2017）。

数字技术与实体经济融合不仅能促进产业数字化转型，还能推动数字产业化发展。在产业数字化领域，数字技术被运用在大数据、人工智能、区块链、新材料等新兴产业领域，促使新旧业态融合发展，推动传统产业数字化转型，甚至在未来可能会形成数字化产业集群（袁国宝，2020）。在数字产业化领域，数字技术与传统技术的融合带来了协作方式的改变以及生产效率的提升。新一代数字技术的运用增强了企业在数据采集、存储、分析等方面的能力，推动传统产业改造升级，实现传统制造业智能化、传统农业智慧化以及传统服务在线化。依托互联网技术平台，数字技术的运用促进了企业的供应链结构和组织方式的优化，降低了市场交易成本，从而实现传统产业的效率转型（Akbari et al.，2023）。

3）数据要素和数字技术驱动催生了数字金融

数字经济发展带来了金融业发展的深刻变化，数字经济与传统金融业融合发展，驱动了数字金融业的诞生和发展。与此同时，数据要素以及新兴技术如大数据、云计算、人工智能等对金融市场和金融服务供给形成了巨大的冲击。一方面，数据要素已成为数字金融促进经济高质量发展的主要推动力，并在其中起到了关键驱动作用。对于数字金融发展而言，数据要素的核心作用在于提高资源配置效能，通过对多维度数据进行分析和发掘，提高金融风险决策的准确性和有效性，同时，把数据要素运用到各种创新领域，拓展数字金融业务范围，通过捕捉个体和公司的潜在需求，充实数字金融业服务内涵，驱动数字金融快速发展。

另一方面，数字技术与金融业的融合催生了以移动支付、数字银行等为代表的数字金融新业态，同时，数字金融快速发展也为数字技术创新提供了有利条件。由于数字金融"鲶鱼效应"的出现，金融行业的竞争格局发生了变化，传统金融机构在数字化转型的过程中，将会对业务模式和技术进行转型升级，从而促进整个金融体系的改革，提高金融效率，推动数字普惠金融的发展，为中小企业提供更好的融资环境（吴晓求，2015）。另外，在数字技术的支持下，数字金融可以突破传统的时空局限，提供不受时间和空间限制的金融服务，从而拓宽金融服务覆盖面，降低企业在融资过程中的成本（唐松等，2020）。反过来，数字金融的发展也会促使资源配置有效优化，这在某种程度上减轻了融资约束压力，推动了企业进行数字技术创新。

　　4）数字金融是数字产业化和产业数字化的重要支撑和必要补充

　　作为数字经济发展中的重要动力，数字金融的重要作用体现在加快经济发展方式转变、促进数字产业化和产业数字化发展等方面。世界银行在2020 年 4 月《数字金融服务》报告中对数字金融做出了清晰的界定：数字金融是传统金融机构和金融科技公司利用数字技术提供金融服务的全新模式[①]。金融发展是一国经济发展的核心动力，数字金融则是传统金融与人工智能、互联网、大数据等数字技术相互融合的产物，是一种依托于传统金融表现出的金融行业新形势、新技术和新模式。数字金融是一种以数字技术为基础的金融创新活动，既保留了传统金融的特征，又融合了新兴数字技术的特点。具体而言，与传统金融行业相比，数字金融的特征主要表现在服务成本、覆盖范围以及服务对象三方面（徐远和陈靖，2019；京东数字科技研究院，2019）。第一是服务成本更低。数字化变革大大降低了传统金融的服务成本。一方面，数字金融解决了传统金融增加服务供给可能带来的收支失衡问题。数字金融借助其利用数字技术边际溢出效应的优势避免了收支失衡问题的发生，数字技术的运用降低了相当一部分的网点建设和人力使用成本，同时还降低了为新用户提供服务的边际成本，从而在整体上减少了原有金融机构的开支。另一方面，数字金融缓解了传统金融的业务成本过重问题。金融市场上的信息不完全、信息不对称以及金融风险等问题导致了传统金融产品和服务流程的烦琐低效特点。而数字金融则可以运用大数据技术对用户数据进行多维分析，对消费者需求准确定位以进行精准的市场营销，大大缩短寻找和匹配金融服务的时间，从而降低金融机构开拓新客户的成本，提高金融服务效率。第二是覆盖范围更广。为获取更高的收益，传统金融机构往往选择将资源投放到地理位置优越和经济发达的区域，而忽视了人口密度低且经济欠发达的区域。数字金融则能依托于互联网、大数据等数字技术，通过使用不受地域限制的技术通信设备，打破传统金融组织在地理位置上的局限，为市级、县级乃至乡级层面的居民提供跨越时空的同等金融服务。第三是服务对象更广。数字金融服务呈现线上化、移动化、数字化、智能化的特点，并运用相应的技术实现了服务对象普及化的目标（张勋等，2021）。数字技术的灵活性奠定了服务对象普及化的基础（Urbinati et al.，2020），使得普通用户也可以参与信贷、投资、融资等金融活动。数字技术的发展往往伴

---

① 　DIGITAL FINANCIAL SERVICES，https://pubdocs.worldbank.org/en/230281588169110691/Digital-Financial-Services.pdf [2024-12-01]。

随着新型业务形态的出现，比如，众筹网站、线上信用平台等新业态的出现给予了包括低收入人群和小微型企业在内的各类金融资本参与金融活动的途径和机会。

数字金融还在推动数字产业化和产业数字化发展等方面起到了重要、积极的作用。一方面，数字金融通过赋能实体经济推动产业数字化转型（田秀娟和李睿，2022）。数字金融发展促进了金融和技术的结合，使金融技术的技术优势得到了最大程度的发挥，加快了产业的全面数字化转型，构建了全新的生态场景，从而在产品、服务等多产业方面实现了产业数字化。具体而言，数字化技术在金融产业的运用促使了产业数字金融的形成，其运行逻辑为通过利用数字化科技，构建一个多主体参与的、公平的、可信任的产业金融平台，从而形成覆盖整个产业链的金融服务生态。另一方面，数字金融通过实现数字产业集聚推动数字产业化发展。数字金融以数据要素为基础，应用数字化技术，帮助企业积累数字资产、挖掘数字价值、创设数字信用、形成数字担保，推动数字产业的形成。如今企业与市场主体间的信息流动与价值共享日益频繁，企业的经营模式正朝着高质量、高效率、低成本的方向聚合，数字金融可以为企业建立起具有规模效应和协同创新优势的产业链与生态圈，从而形成企业间高水平、深层次、多维度的合作竞争模式，实现数字产业集聚（柏亮，2021）。

2.1.2 数字经济的发展特征

基于马克思主义认识论，局部资源配置低效与整体配置高效二者间的矛盾构成了数字经济发展的动力，推动着"技术—经济组织—新技术—新适应经济组织"循环结构的不断演化，从而催生了数字经济（张鹏，2019）。相较于传统经济，数字经济更关注用什么劳动资料来生产的问题。因此，基于物联网、人工智能、大数据等关键性生产要素和社会生产方式变革的视角，数据成为关键生产要素和数字技术促使生产方式变革应作为理解数字经济内涵的两个关键特征（魏江等，2021）。总体上，数字经济的主要特征表现为以下几点。

1. 要素变革与创新

农业经济时代的社会核心生产要素为劳动力和土地，工业经济时代的社会核心生产要素为资本和技术。数字经济时代的社会全新要素为数据，并且会与原有的劳动、土地、资本等生产要素结合，提高生产要素配置效率（宋冬林等，2021；谢康和肖静华，2022）。更重要的是，数据要素具有非竞争性的特点，其可复制、可共享属性使得不同组织可共享数据资源，这也降低了进入市场的门槛，强化了市场竞争（徐翔，2021）。近年来，随着数据资源的无限增长和供给量的指数级增长，数据资源与劳动、资本、技术、土地等不同生产要素有机结合（图 2-2），协同为各行各业经济的持续增长提供重要基础。

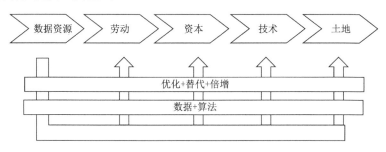

图 2-2　不同生产要素之间的协同

资料来源：戚聿东和肖旭（2022）

2. 技术变革与创新

数字技术创新使社会生产方式发生变革，新发展的 5G 技术、大数据算法以及计算机编程等技术的广泛应用，降低了信息不对称和交易成本，优化了资源配置，生产组织结构呈现平台化、网络化的趋势，平台经济逐步发展成全新且具有市场地位的产业组织形态。平台作为中介，把不同用户组织、汇聚在一起，并为用户进行经济活动提供所需的数字基础设施。相比于传统经济，数字经济中的平台充当着双边市场的功能，一侧连接用户，另一侧连接平台以外的商品或服务的供应商，而平台只需注重其基础设施的搭建与配置。平台的兴起使企业可以充分利用外部优势，不再被本身资源和能力不足所限，加快了企业的成长和发展速度。

3. 产业变革与创新

传统经济多为产业分离，而数字经济的发展更加注重产业融合。数字经济持续渗透到传统行业，超出了传统的经济模式概念，在物质维度以外创造了数字化的虚拟空间，物理空间的局限性进化到数字空间的广延性，具体表现为从线上到线下，从消费端到生产端的平台经济、共享经济等新型经济模式的不断涌现。通过数字技术与实体经济不断融合渗透，随着数字经济的运作，基于产品创新、工艺创新等的产业创新呈现出更多的可能性，新产业、新业态、新模式成为数字经济发展的常态（表 2-2）。

表 2-2　熊彼特创新视角下的数字经济形态划分

产品创新	工艺创新	市场创新	资源配置创新	组织创新
先进数码设备、电动力汽车、新材料、3D 打印机（三维打印机）、智能可穿戴设备等	高端集成电路、新型平板显示、智能制造、太空科技、合成生物科技、增材制造	虚拟现实、增强现实、数据分析、人类增强、基因疗法、直播、数字交付等	跨境商务、共享经济、网络借贷平台、众包、众创等	平台型组织、社交网络、自媒体、云社区、创客、孵化器等

资料来源：戚聿东和李颖（2018）

4. 治理变革与创新

数字经济时代的社会治理模式发生了深刻变革，基于数字治理的多元协同主体共治方式成为主要的社会治理模式，数字经济影响着政府监管方式的改革创新。狭义的理解，多元协同共治主要是指政府与市场的融合治理模式，如轨道交通、5G 基站等具有非竞争性和非排他性的数字基建由政府主导，而一些高新技术数字经济则交给企业管理。一方面，进入数字经济后，平台、用户、供应商等主体呈现多元化的变化趋势，相较于过往只依靠政府监管的模式，现在的市场模式逐渐转化为不断激发用户和消费者参与经济活动能动性的市场内生治理模式。另一方面，数据的开放性和可得性使得大数据下信息传输与处理具有高效性的特点，促使政府监督变得更加及时有效。同时，由于信息的共享和流动等性质，企业有机会随时了解市场供求状况，能够及时地做出调整价格和进出市场等行为（张建锋，2021）。

总之，数据代替传统实体资本成为生产过程中的关键要素，是数字经济的重要特征之一。数字技术的发展，也极大地提高了数据存储的容量和搜索效率，降低了使用数据要素进行生产的成本（王勇等，2019）。数字经济并不是独立于传统产业存在的，而是融合、渗透在各个产业之中的，不断向传统产业提供新的知识、产品和服务，令主体之间的沟通合作更加密切高效（Lakhani and Panetta，2007）。数字经济以数据为载体，在互联技术的不断推广、社交平台日益成熟的背景下，逐步实现了数据资源、信息技术的互联互通，打破了传统产业的边界壁垒，促进了共享经济的快速兴起（荆文君和孙宝文，2019；吴静和张凤，2022）。

2.1.3　数字经济的运行机理

数字经济具有与工业经济完全不同的特征，其会广泛参与到生产、交换、分配及消费等过程中重构商品价值，这一行为能够推动产业结构升级，实现传统产业的深度转型，改变以增加投入为主的运行模式，深刻改写传统的经济运行模式。总体来看，数字经济的运行涵盖三个过程：生产过程、交易过程、扩散过程（图 2-3）。

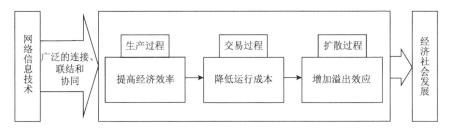

图 2-3　数字经济的运行机理
资料来源：中国信息通信研究院（2022）

1. 生产过程：提高经济效率

数字经济时代，凭借数据资源的渗透性带来外界信息的互通，厂商会减少由信息不对称导致的劳动、资本等生产要素盲目配置问题，实现精准高效资源配置。一方面，人工智能、机器人等对劳动力的替代，能够快速提高相关领域的劳动生产率。另一方面，从投入角度看，数字化提升了采购过程中的工作效率和采购质量，同时借助专业化分工带来的红利，减小企业用工压力，提升生产效率。而从产出角度看，数字经济的发展催生了精细化分工，促进规模经济和范围经济在生产中广泛应用，扩大生产规模，助力供需精准匹配。最终，数字经济通过减少投入、增加产出提高生产效率（徐翔，2021）。

2. 交易过程：降低运行成本

数字经济通过有效降低成本来提升经济运行效益。一是降低搜寻成本。数字经济下信息技术的迅猛发展，使得经济交易的时空局限被打破，经济活力得以最大程度释放。从需求端看，数字经济将有助于提高信息搜集能力，减少消费者搜寻成本，满足需求的多样性，市场范围也随之扩大。二是降低信息成本。得益于互联网的信息传递性，市场的信息不对称现象大幅减少，信息成本大大下降。从供给端看，依托数字经济优化过去获取信息的途径，降低信息获取成本、资源匹配成本等各类成本，使得许多组织结构得到优化，能够提供更有效的产品和服务，最终为经济增长赋能。三是降低管理决策成本，主要包括企业和政府的管理决策成本。一方面，企业利用网络信息技术对企业经营模式进行创新，从而实现商业模式高层次转型。在这个过程中，企业生产经营实现自动化，依托智能决策使得企业成本控制和资源配置更高效，从而能够降低企业的管理决策成本。另一方面，从政府管理决策角度看，初期阶段政府活动依托"互联网+"的形式，实现信息互通，而随着数字政府的普及，公共数据依法有序共享，政府服务与大数据深度融合，实现数据全覆盖，使得政府服务的时效性和精准性大幅提高，从而能够降低政府部门的管理决策成本。

3. 扩散过程：增加溢出效应

网络化是数字经济的重要特征之一。数字经济背景下，依托信息技术发展产生的网络溢出效应即网络外部性作用明显。网络外部性是指随着网络相似产品种类和用户数量的增加，产品对用户的价值也会不断提高。例如，办公软件 Office 的用户越多，会出现更丰富的信息与资源，从而使用相同软件的原有用户价值收益也就越大。在网络外部性的扩散作用下，原有企业或个人无偿获得产品中的新增收益。此外，具体的网络外部性可以分为正外部性和负外部性，其中，正外部性指的是在企业的网络运营中，拥有更多用户、互补产品或供应商的一方在竞争中拥有更多优势，获得更大市场份额和收益。而网络负外部性有两层含义：一是部分企业因为在网络运营中未能吸引到更多的用户而在竞争中被淘汰；二是随着用户规模剧增，网络会出现滥用风险，维护成本随之增加。因此，从网络外部性的角度看，数字经济扩散过程带来的溢出效应，既可能是正向的，也可能是负向的。

2.2 减污降碳协同治理的内涵、特征与重点领域

2.2.1 减污降碳协同治理的内涵界定

1. 协同与治理的内涵

对减污降碳协同治理这一概念进行内涵界定首先需要明确协同和治理的内涵。

1）协同的基本内涵

协同一词来源于《汉书·律历志上》："咸得其实，靡不协同。"，意思是协和、同步、和谐等。从语义角度看，协同是两个或多个不同的人或事物合作完成或达到某一目标的过程或方式。在西方，基于协同这一概念，延伸出了自组织系统理论以及协同学理论。自组织系统理论是从形成和发展机制角度对复杂自组织系统进行研究所形成的理论体系，其主要由耗散结构理论和协同学理论两方面组成（图 2-4）。一方面，根据耗散结构理论，形成有活力的耗散结构需要具备以下四个基本条件：开放系统、远离平衡态、非线性相互作用、涨落（Anderson et al., 2004）。另一方面，协同学研究还对系统中的集体行为进行了阐述，构成了支配原理，即协同

学认为，环境中的不同系统之间既存在着相互影响关系，也存在着相互合作关系，在一定条件下，系统通过子系统间的协同作用会在宏观上呈有序状态（Haken，1977）。

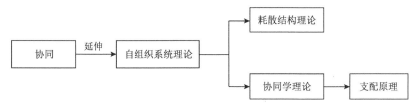

图 2-4　协同内涵及其延伸

2）治理的基本内涵

治理一词来源于《荀子·君道》："然后明分职，序事业，材技官能，莫不治理，则公道达而私门塞矣，公义明而私事息矣。"，意思是统治、管理。在西方，起初治理一词的使用只局限于政治学领域，如 1989 年世界银行首次使用了"治理危机"来描述当时非洲的政治情形。此后治理的内涵进一步扩大，开始被广泛运用于社会经济、政治经济等领域。20 世纪 90 年代，治理概念在全球范围内逐渐形成，引起了学术界关于治理概念界定的广泛讨论（俞可平，1999）。目前被普遍认可的定义来自全球治理委员会在 1995 年发布的题为《我们的全球伙伴关系》的报告，根据全球治理委员会对治理的定义，治理是个人和机构、公共和私人部门处理其公共事务的多种方式的结合①。戈丹（2010）指出，一开始治理就必须与传统的政府统治理念相区分。因此把治理和统治区别开来，是正确认识治理的前提条件。治理和统治的内涵区别体现在权威主体、权威性质、权威来源、运行向度及作用范围五方面（表 2-3）。第一，与统治这一概念相比，治理这一概念不仅仅局限于政府或其他国家公共权力的单一主体管理，而是重点强调了政府、企业、社会公众等的多元主体管理，即需要进行民主、参与、互动的管理。第二，统治强调采取强制性措施进行管理，而治理更多采用温和协商的方式进行管理。第三，治理和统治的权威来源不同，统治的来源只有国家法律，对于治理而言，非国家强制的契约也是其重要权威来源。第四，除了自上而下的权力运行向度，治理的权力更多为平行的相互管理关系。第五，治理的作用范围比统治更广，统治以政府权力范围为边界发挥作用，治理则以公共领域为边界发挥作用。

---

① Our Global Neighborhood，http://www.gdrc.org/u-gov/global-neighbourhood/[2024-12-01]。

表 2-3　统治和治理的内涵区别

维度	权威主体	权威性质	权威来源	运行向度	作用范围
统治	单一化	强制式	国家法律	自上而下	以政府权力范围为边界
治理	多元化	协商式	非国家强制的契约	多为平行	以公共领域为边界

2. 减污与降碳的关系

由人类活动所引起的全球气候变化逐步成为各界关注的焦点（Stengers and Prigogine，1984；Wei et al.，2020）。减污与降碳的基本关系如图 2-5 所示。

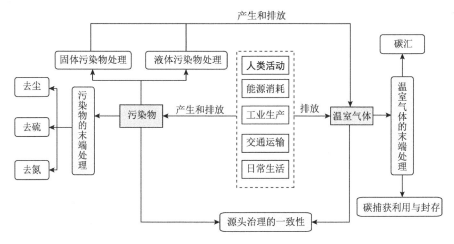

图 2-5　减污与降碳的关系

碳捕获利用与封存的英文全称是 carbon capture utilization and storage，简称 CCUS

1）污染物排放与二氧化碳的形成在源头端上的一致性

污染物排放与二氧化碳的产生都与人类活动所涉及的能源消耗、工业生产、交通运输以及人类的日常生活等密切相关。在能源消耗方面，电力行业会因燃烧而释放二氧化碳。同时，电力行业在生产过程中，由于化石燃料中含有氮、碳、硫等化学元素，其燃烧所产生的二氧化硫、NO_x、$PM_{2.5}$等大气污染物会对大气环境和气候产生不可预测的负面影响。在工业生产方面，工业品的生产过程除了会产生污染物外，工业生产中所使用的含氟（F）气体也可能对环境产生非常负面的影响。例如，日常生活中制冷所需的氟利昂；制造液晶显示屏、半导体所需的全氟化碳；以及用于电力传输所需的隔断气体六氟化硫等。与工业生产有关的含氟气体的使用所造成的危害将是二氧化碳的 140 倍到 23 500 倍，在相关的研究中其甚至被称为"超级污染物"以及"超级温室气体"（Pu et al.，2020）。在交通运输方面，第一，交通工具数量的增加以及私有化程度的提高，直接造成了污染物和二氧化碳产生与排放的增加。第二，由于高铁、飞机、私家车等交通方式的普及，人类活动范围也在逐步地扩大。人类开始消费更多的商品并通过开展区域贸易来进行商业获利。在经济发展过程中，运输车辆急剧增加使运输业得到迅速发展，随之而来的是污染物和二氧化碳直接排放量的大幅增加以及对于其相关工业产品需求的上升。在人类的日常生活方面，全球人口数量的增加打破了原有的环境承载力。人类作为能源、工业产品等产物的消耗终端，人口数量的增长增加了生物呼吸和排泄所造成的污染物排放和二氧化碳的排放。同时其增加了对能源和工业生产的需求，这会促进污染物的产生以及二氧化碳的排放，从而把人类活动和环境承载力之间的界限进一步缩短。综上所述，污染物与二氧化碳之间同源的特性及其关联性可分为三个部分进行总结：第一，气体方面。人类活动及其相关的能源消耗、工业生产、交通运输在排放二氧化碳等温室气体的同时也排放二氧化硫、NO_x、$PM_{2.5}$ 以及臭氧等大气污染物。第二，固体方面。人类活动所产生的垃圾、废弃物以及能源生产和工业生产相关的固体废弃污染物在填埋、焚烧等处理流程中会产生大气污染物以及二氧化碳。第三，液体方面。人类活动和化工、能源生产将产生大量的生活污水和工业污水。而污水处理系统通过化学降解等多种技术去污的过程将排放多种温室气体。

2）减污与降碳具有同源性以及协同可能性

由前面部分的分析可知，大部分二氧化碳的排放和大气污染物都来自与人类活动相关的煤炭、石油等化石能源的燃烧。减污与降碳治理的同源性意味着对于污染物以及二氧化碳的治理具有协同可能性，即在对污染物以及二氧化碳的源头治理过程中会产生协同增效的作用。大气污染物治理以及二氧化碳的源头治理的具体方向大致分为三个：第一，节能提效。对于能源端，运用新技术能够在帮助企业减少能源消耗的同时保证其更加高效的运行。在以化石能源为主要能源来源的阶段，运用更加高效的电煤以及持续推进可持续能源发展可以提高减污降碳源头治理的成效。第二，产业结构调整。识别和限制高污染、高排放企业对于减污降碳的源头治理意义重大。随着产业之间关系网的日益复杂，筛选出真正的核心双高企业有利于政府开展污染物治理的工作。同时，对于双高企业的限制能够从源头治理端提升减污降碳协同的效果从而减少污染物和二氧化碳的排放。例如，随着服务业等碳强度较低行业占比的上升，产业对于煤炭的需求将会下降，这有利于减少污染物和二氧化碳的排放。第三，推进能源使用的可持续化、绿色化进程。在源头端，企业生产需要能源支持，鼓励企业使用低碳的清洁能源，可以从源头降低污染物和二氧化碳排放。

3）减污与降碳末端治理存在区别性

减污与降碳在源头治理上存在着一致性，但两者在末端治理方向上存在区别性。从减污角度看，末端治理的主体为生产企业，主要任务是在生产过程中去尘、去硫、去氮等。在污染物的末端治理当中，生产企业希望通过减少生产过程中产生的污染物从而达到降污的效果。对于碳排放而言，其末端治理的主体为与生产企业、环境相关的各政府环境职能部门以及持有相关环保专利技术的公司。例如，生产企业可以对生产环节所产生的二氧化碳进行处理、封存等；政府部门持续推进退耕还林、还草等可持续发展计划，提升环境自身吸收污染物和二氧化碳的能力；以及相关科技公司对碳捕获利用与封存技术的持续研发和市场化（图2-5）。

3. 减污降碳协同治理的概念内涵

1995 年和 2001 年，政府间气候变化专门委员会（Intergovernmental Panel on Climate Change，IPCC）第二次和第三次评估报告提出了"次生效益"和"协同效应"的概念。鉴于环境污染物排放与二氧化碳排放具有同根同源的特征，推进减污与降碳的协同将可能降低社会总减排成本，获得环境效益、气候效益、经济效益和社会效益等多重效益，国际绿色低碳发展的实践也证明了这一点，减污降碳协同治理的概念由此而来。

根据前文对协同和治理的内涵解析，结合减污与降碳的关系，可以将减污降碳协同治理定义为："利用环境污染物排放和碳排放同根同源同过程的特性，通过节能减排和结构减排等方式，在减少常规污染物排放的同时也减少二氧化碳排放的过程。"具体来说，能源消费、资源利用和工业生产等人为活动在产生大量的大气污染物、固体污染物、水污染物等各种环境污染物的同时会排放二氧化碳、甲烷等温室气体。环境污染物和二氧化碳的排放同源性说明了二者关系密切，可以通过采取治理环境保护措施同步实现对污染物和二氧化碳的治理，并可通过目标协同、空间协同、对象协同、措施协同、政策协同、平台协同等六方面协同来实现（图2-6）。

需要说明的是，对于减污降碳协同治理，不是仅局限于政府或企业单一主体从源头端或末端采取减少污染物排放或二氧化碳排放的治理措施，而是需要政府、企业、社会公众等多主体共同参与到治理过程中，从企业生产过程的源头和二氧化硫、二氧化氮、大气烟尘等污染物以及二氧化碳等温室气体的排放末端同时发力，采取既能减少污染物排放又能减少二氧化碳排放的有效措施对生态环境进行保护，方能实现减污降碳协同治理，最终促进减污降碳协同增效。

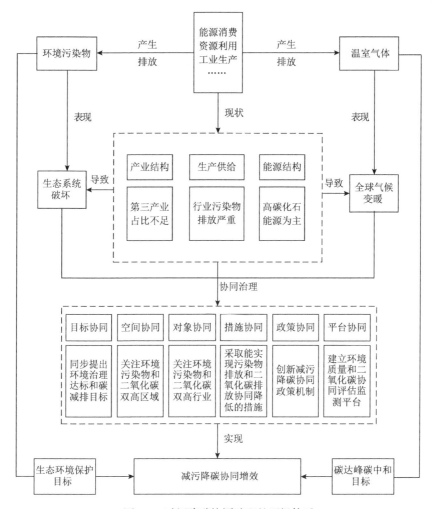

图 2-6 减污降碳协同治理的逻辑体系

2.2.2 减污降碳协同治理的基本特征

减污降碳协同治理本身就是一个复杂系统，这是因为其满足了复杂系统的四个基本条件。复杂系统是指能够组成耗散结构的系统，Ilya Prigogine（伊利亚·普里高津）在 1969 年的"理论物理学和生物学"国际会议上正式提出了耗散结构理论：当外部环境变化到某一临界点时，一个远离平衡态的开放系统会发生自组织的现象，从而将系统从最初的无秩序状态向空间、功能层面的有序状态过渡，最后形成新的稳定有序结构，这个新的有序结构即为耗散结构。从复杂系统角度可以进一步总结减污降碳协同治理的四个系统性基本特征。

1. 开放系统

开放系统指的是一个能与外部环境进行物质、能量和信息交换的系统。减污降碳协同治理即为一个开放系统,为实现减污降碳协同治理的目标,需要在能源、资源等诸多领域进行开放合作(易兰等,2020)。

2. 远离平衡态

远离平衡态是一种与平衡态、近平衡态相反的概念,它是指在一种系统中可以测量到的、具有高度非均匀性的物质状态,且最终能够通过系统的不断自我调节达到平衡态。而减污降碳协同治理的最终目的正是解决人为活动造成的生态环境问题。

3. 非线性相互作用

非线性相互作用表现在开放系统中各个要素间的相互联系和作用,并非由个体因素间的互动所产生,而是通过网络化的方式进行的。Guo 等(2022)研究发现,空气污染控制和碳排放控制目标存在双向非线性协同作用。

4. 涨落

在一个复杂系统中,如果各个要素间没有对称、独立、均匀的关系,那么它们之间的差异以及相互干扰会影响到整个体系的稳定,导致系统偏离原有的稳定结构,也即造成了涨落。对于减污降碳协同治理系统而言,以年为单位进行划分,污染排放量和碳排放量都会出现不同程度涨落变动(唐湘博和陈晓红,2017),导致减污降碳协同治理复合系统的稳定程度不断发生变化。

2.2.3　减污降碳协同治理的重点领域

推进减污降碳协同治理的重点是实现目标协同、空间协同、对象协同、措施协同、政策协同以及平台协同。

1. 目标协同

在目标协同方面,推进减污降碳协同治理要力争同步实现生态环境保护和碳达峰碳中和目标。第十三届全国人民代表大会第四次会议决议通过了《中华人民共和国国民经济和社会发展第十四个五年规划和 2035 年远景目标纲要》(简称《纲要》),确定了"十四五"期间以及 2035 年的生态环境保护目标。《纲要》明确了"十四五"时期"生态文明建设实现新进步"的主要目标,提出要"坚持绿水青山就是金山银山理念,坚持尊重自然、顺应自然、保护自然,坚持节约优先、保护优先、自然恢复为主,实施可持续发展战略,完善生态文明领域统筹协调机制,构建生态文明体系,推动经济社会发展全面绿色转型",并明确提出 2035年"美丽中国建设目标基本实现"的社会主义现代化远景目标。为促进我国经济社会发展全面绿色转型,同时提出了生态环境保护和碳达峰碳中和目标,要求减污和降碳两个目标协同推进,实现绿色发展、循环发展、低碳发展。

2. 空间协同

环境污染物和二氧化碳的同根同源同路径性导致其在空间上具有高度一致性,需重点关注环境污染物和二氧化碳排放双高的区域并对其进行重点协同治理(戴静怡等,2023)。区域内频繁的人为活动导致全球气候变化,在造成环境污染物排放的同时排放大量二氧化碳,呈现明显的空间聚集特征,且排放双高的区域往往具有经济发展快、人口密度大以及能源消费量大等特点,能源消费量大会导致地区呈现环境质量较差且二氧化碳排放量较大的特点,因此处在高人口密度以及高环境污染情况下的人群往往承担相对较高的环境风险。为了保护区域内人群身心健康,实现美丽中国建设目标,需要优先在排放双高重点区域进行减污降碳协同治理,实现协同增效。

3. 对象协同

推进减污降碳协同治理需要重点关注环境污染物和二氧化碳排放双高的行业。实现清洁空气和碳中和,核心就是能源结构调整。目前我国的煤炭消费量仍高居不下,钢铁和水泥等行业的生产仍在持续增长,有关部门对煤电新增审批也尚未进行严格控制,这说明我国能源结构改革的道路还很长,需要多个部门协调配合。各行业能源利用结构、生产工艺水平、减排技术水平等都有较大差距,故污染物排放的主要种类和规模、二氧化碳排放的规模均存在较大差异。因此,与空间协同类似,在协同治理过程中需重点关注环境污染物和二氧化碳排放双高的行业,在环境污染与二氧化碳协同治理方面,尽早建立多部门多行业共识,并在不同的中长期规划间形成协同机制。

4. 措施协同

推进减污降碳协同治理需要同时从根源和末端两方面进行环境污染物和二氧化碳排放协同治理。总结我国的环境治理措施可知,以往多从排放末端进行污染物减排工作,但随着环境治理的逐步深入,末端治理的有效范围越来越窄,减排难度日益增大。清华大学的情景研究报告结果显示,即使采取当前最严格的末端治理方法,$PM_{2.5}$的浓度也只能降低至 15~25 微克/米^3(贺克斌等,2020),距离世界卫生组织建议的 5 微克/米^{3}的年均目标值还有很大差距。因此需要结合二氧化碳减排措施,利用源头治理和末端治理相结合的方式才能最终实现污染物减排和二氧化碳协同减排的目标。具体来说,一方面通过缩小重污染行业生产规模、开发利用清洁能源、调整优化产业结构等方式从源头减少排放,另一方面通过提高重污染行业生产效率、循环再利用废弃物、提高能源利用效率等方式继续推进末端治理,综合实现减污降碳协同增效。

5. 政策协同

减污降碳协同治理涉及多个层次的政府部门,中央和地方政府之间、中央各部门之间以及地方各行政部门之间基于各自职能需要,均会出台相关的指导意见、实施方案、行动计划等政策文件。为了避免政出多门,减少政策之间的不协调导致减污与降碳无法协调的问题,就需要重点推进政策协同。结合中国实际看,重点就是要强化顶层设计,推进减污降碳协同治理制度和标准建设,加快相关法律法规的制定。在减污方面,多年来的环境治理攻坚战已经形成了比较完备的治理体制和政策体系;在降碳方面,为实现碳达峰碳中和目标,近年来相继提出了许多节能降碳领域的财政、税收、价格政策,并在全国范围内逐步建立了碳排放权交易市场。因此可考虑以现有的环境治理政策体系制度为基础,将降碳目标加入减污系统政策体制中,建立减污降碳协同双效政策机制。在减污降碳协同治理立法方面,积极推进立法协同,是实施以法律为保障的协同减排工作的重要一步,为加快减污与降碳工作的立法协同,必须重视法律衔接工作。目前已有的《中华人民共和国环境保护法》《中华人民共和国大气污染防治法》《排污许可管理条例》等法律法规作为立法协同的基础,在加快完善修订相关已有法律的同时,颁布以推进环境污染和二氧化碳协同减排为核心任务的相关法律法规,全方位推动治理环境污染与应对气候变化协同发力。实施上,在 2022 年,生态环境部等多部门出台《减污降碳协同增效实施方案》以后,各地相继出台了配套的政策文件(表 2-4),但从政策制定角度看,仍需要进一步细化政策举措,出台相关政策细则以在操作层面真正实现政策协同。

表 2-4　"十四五"时期出台的关于减污降碳协同增效的部分政策

时间	地区	名称
2022.6	国家	《减污降碳协同增效实施方案》
2022.7	福建省	《福建省减污降碳协同增效实施方案》
2022.9	江西省	《江西省减污降碳协同增效实施方案》
2022.10	吉林省	《吉林省减污降碳协同增效实施方案》
2022.11	宁夏回族自治区	《减污降碳协同增效行动实施方案》
2022.12	浙江省	《浙江省减污降碳协同创新区建设实施方案》
2022.12	湖南省	《湖南省减污降碳协同增效实施方案》
2022.12	湖北省	《湖北省减污降碳协同增效实施方案》
2022.12	天津市	《天津市减污降碳协同增效实施方案》
2023.1	上海市	《上海市减污降碳协同增效实施方案》
2023.1	山西省	《山西省减污降碳协同增效实施方案》
2023.1	江苏省	《江苏省减污降碳协同增效实施方案》
2023.2	河南省	《河南省减污降碳协同增效行动方案》
2023.2	河北省	《河北省减污降碳协同增效实施方案》
2023.9	北京市	《北京市减污降碳协同增效实施方案》

6. 平台协同

减污降碳协同治理需要建立在一定条件的平台基础上。特别是要建立环境质量和二氧化碳协同评估监测与信息化共享平台，为进行减污降碳协同治理工作提供监测支撑。从我国当前实际情况看，为对环境状况进行及时的评估和管控，目前已建立了全国排污许可证管理信息平台，将固定污染源纳入排污许可管理范围，基本实现了对固定污染源排污许可证的发证和登记过程的全面覆盖。此外，减污降碳协同治理除了需要准确及时地获取减污降碳协同评估监测平台数据外，还应及时披露相关数据，方便企业获取所需的环境信息并及时进行生产整改，评估数据的公开还有助于充分发挥社会公众对环境的监督作用，提高政府监管效率。因此，为加快减污降碳协同治理监测平台建设，需在全国排污许可证管理信息平台建设的基础上，将重点行业的控碳要求纳入排污许可证管理范围，发挥信息平台管理优势，实现减污降碳协同治理管理、协同治理过程监测、协同治理效果评估等的有机结合。

2.3　数字经济影响减污降碳协同治理的运行逻辑

在数字经济快速发展的背景下，以互联网、信息、通信等为代表的新兴数字技术为经济主体提供了一种新发展模式，引领了经济高质量发展新形态，推动实现了资源的优化配置和能源的高效使用，资源和能源的有效利用将有利于大气污染物和二氧化碳排放的进一步减少并激发公众生活方式绿色化、企业生产低碳化等一系列变革。数字经济能够推动减污降碳协同治理的目标协同、空间协同、对象协同、措施协同、政策协同以及平台协同的实现。具体来说，数字经济通过数字技术、数字产业化、产业数字化、数字金融影响减污降碳协同治理（图 2-7），而数字治理则为提升数字经济发展的整体质量和减污降碳协同增效提供重要保障。

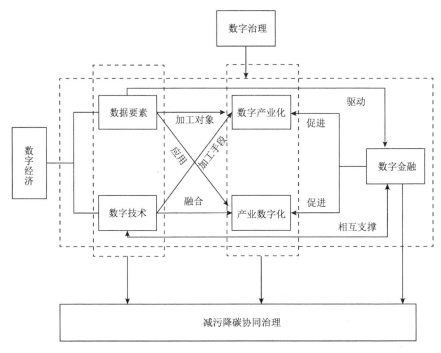

图 2-7　数字经济影响减污降碳协同治理的运行逻辑

2.3.1　数据要素是推进减污降碳协同治理的核心生产要素

随着互联网、大数据等数字技术的兴起，数据要素逐渐成为推动数字经济高速发展的核心生产要素。在实现减污降碳协同治理的空间协同和对象协同方面，数据要素在环境污染物和二氧化碳排放双高的区域和行业发挥了重要作用，即通过发挥对目标行业发展的降本增效作用，提高目标行业内企业的生产效率，进而推动减污降碳协同治理的实现。具体而言，数据要素能够加快数字经济与传统经济的深度融合，使经济发展更具活力（图 2-8）。劳动、土地、资本等传统生产要素与数据要素融合后，可以释放出巨大的价值，从而使全要素生产率持续提升，推动产业进行绿色低碳转型。此外，为贯彻落实创新、协调、绿色、开放、共享的新发展理念，推进减污降碳协同治理，亟须加快推进数据要素市场化，构建以绿色发展为目标、数字要素为核心、技术创新为特征的数据要素市场化配置新体系。因此，充分发挥数据要素的绿色推动作用，将有利于推进传统产业的高端化、智能化、绿色化发展，不断提高核心竞争力，加快实现减污降碳协同治理目标。

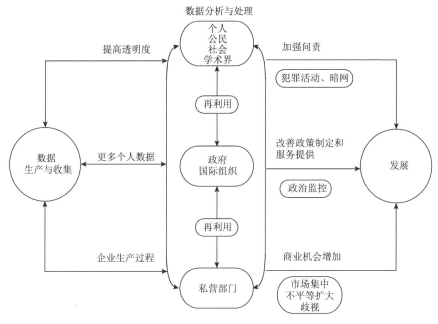

图 2-8　数据支持发展路径

资料来源：《2021 年世界发展报告：让数据创造更好生活》

2.3.2　数字技术创新是推进减污降碳协同治理的驱动力量

数字技术在减污降碳协同治理的运用能够契合当前推行的治理方式转变理念，有助于实现减污降碳协同治理的措施协同目标，也即拥有数字技术更有助于企业在实现源头排放减少的同时也能实现末端污染物和二氧化碳等温室气体的治理。为推进国家治理体系和治理能力现代化，环境治理方式亟须实现从末端治理向源头治理的转变。考虑减污降碳协同治理的措施协同特征，理想的协同治理措施是能够实现从根源和末端两方面对环境污染物和二氧化碳排放进行协同治理的措施，数字技术创新正好可以满足这一要求。具体而言，在源头治理方面，数字技术创新能够带来生产过程中的工艺变革，推动企业生产方式由传统的资源密集型向技术密集型转型，实现技术智能化、管理数字化、装备信息化，从而在提高资源利用率的同时实现能源消耗减少，促进减污降碳协同治理。与此同时，数字技术创新在末端治理中也能发挥一定的效用，比如，数字技术可以针对末端排放提供更先进的废污处理技术，并能通过利用互联网、大数据等技术推动多企业进行协同治理，从而在减少污染物排放的同时也减少二氧化碳等温室气体的排放。

2.3.3 数字产业化和产业数字化是推进减污降碳协同治理的关键引擎

产业数字化转型能够促使工业、农业、服务业等多个产业进行产业结构转型，从而减少产业内的环境污染物和二氧化碳排放。对象协同是减污降碳协同治理的一个重要特征，在对象协同方面，应重点关注环境污染物和二氧化碳排放双高的行业，即需要解决传统的工业、农业、服务业等产业的排放问题。具体而言，首先，在工业数字化领域，数字技术创新能够推动工业产业结构的集约转变，提高能源利用效率，从而减少生产过程中的污染物排放和二氧化碳排放。其次，在农业数字化领域，传统的以农耕工具进行人工耕作或半机械化耕作的模式会带来大量的污染物和二氧化碳排放。数字技术创新则能驱动农业生产智能化运作，减少生产过程的能源消耗和污染物排放。最后，在服务业数字化领域，进行传统的线下业务服务会增加客户交通出行、住宿餐饮等行为的频率，造成污染物和二氧化碳排放。数字技术在服务业的应用为客户提供了互联网医疗、线上办公、数字化治理等线上服务，因此解决了交通出行、住宿餐饮等线下行为带来的污染物排放问题。

此外，为推进减污降碳协同治理中对象协同的实现，除了改造传统高排污和高碳产业外，还需要发展节能水平高、排污程度低的产业，数字产业化正具有这样的特征，所涉及领域被认为是节能水平较高的行业之一。数字技术通过发挥其高效、融合、绿色的特征，促进数字产业化的发展，使其成为绿色低碳发展的"试验田"。具体来说，绿色低碳的数字产业有助于减污降碳协同治理中平台协同目标的实现，能从治理理念、治理体系和治理措施三方面帮助实现减污降碳协同治理目标。第一，数字产业的形成有利于建立涉及生态环境整治和社会绿色低碳行为的信用系统，推进公众形成绿色低碳的生活方式，从而帮助公众形成减污降碳协同治理理念。第二，生态环境价值评估、生态价值补偿和生态产品交易等数字产业的形成，有利于协同完善生态保护补偿、生态损害赔偿、生态产品市场交易机制，从而帮助搭建减污降碳协同治理体系。第三，数字化平台的建立可以推动旅游产业、环境产业、生态领域的新兴技术产业、健康产业发展，推动企业和公众形成绿色生产方式和生活方式，从而促进减污降碳协同治理措施的实施。

2.3.4 数字金融是推进减污降碳协同治理的必要补充

数字金融的出现激发了数字绿色金融新业态，填补了金融领域的减污降碳协同治理空缺，与减污降碳协同治理的目标协同相呼应。从根本上讲，数字金融本就是一种有利于节约资源和保护环境的金融服务。一方面，数字金融倡导了绿色消费理念（黄益平和黄卓，2018），推动数字绿色金融新业态的形成，有利于减污降碳协同治理的实现。通过运用数字化技术，数字金融可以实现传统金融业务的线上化，如线上金融服务允许用户在线上进行金融业务操作，降低了用户去银行柜台办理业务的频率，从而实现了绿色交易，从源头上减少污染物和二氧化碳的排放。另一方面，数字金融拓宽了公众环保参与渠道（张洪振和钊阳，2019），为公众提供了直接参与减污降碳协同治理的途径。蚂蚁森林等个人碳账户平台的出现使得公众可以深度参与到环境保护行动中，闲鱼、转转等二手交易平台的出现为公众提供了资源回收再利用的新途径，菜鸟裹裹推出的旧纸箱寄件优惠活动也在无形中增加了用户的环保行为，由此培养公众的低碳环保生活习惯，辅助实现减污降碳协同治理。

2.3.5 数字治理是推进减污降碳协同治理的重要保障

从广义上说，数字治理并非仅仅是信息通信技术在公共事务中的一种简单运用，而是社会组织、政治组织及其行为的一种表现形式，它涵盖了一系列的公共管理过程，包括对经济社会资源的综合利用、对政府及立法机关的数字化管理等（刘淑春，2018）。此外，数字治理也指依托信息技术，政府、公民等各方参与、互动和合作的一种新型、开放、多元的治理系统，其特点为：现代政府通过引进信息技术手段，使自身的公共管理和公共服务效率得到了极大的提高，同时政府的管理技术和治理手段也正在向数字化、网络化和技术化方向发展，使得社会治理数字化、智能化水平提高（徐晓林和周立新，2004）。因此数字治理可以更好地解决当前的许多社会矛盾和问题，是推进减污降碳协同治理的重要保障，对于减污降碳协同治理措施的实施也有一定的推进作用。具体来说，第一，数字治理有利于公众参与到减污降碳协同治理工作中。基于虚拟网络的数字治理创设了良好的信息环境，提高了公众参与治理的自由度和积极性（徐晓林和刘勇，2006），并通过运用数字技术为公众提供了便捷参与减污降碳协同治理的渠道。第二，数字治理有利于提高政府的减污降碳协同治理能力。数字治理通过电子政务进行环境治理相关政务信息的公开，增强政府治理透明度，同时政府部门结合政府对公民（government to citizen，G2C）、政府对企业（government to business，G2B）互动模式和数字化信息技术缩短回应时间，对减污降碳协同治理相关反馈信息进行快速准确处理，增强政府回应性（戴长征和鲍静，2017）。第三，数字治理有利于搭建减污降碳协同治理体系。数字治理通过将数字技术和数字化手段与生态环境保护工作深度融合，构建智慧高效的生态环境管理信息化体系，提高环境治理现代化水平，为完成减污降碳协同治理的平台协同目标提供有力支撑。

2.4　本章小结

为理清数字经济影响减污降碳协同治理的作用机理，本章分别对数字经济和减污降碳协同治理的内涵进行了界定，进而分析数字经济影响减污降碳协同治理的运行逻辑。首先，从数字经济的概念界定出发，以创新、产业、治理三个维度为切入点对数字经济的内涵进行深入剖析，明确了数字经济各组成部分间的关系；从关键性生产要素和社会生产方式变革的视角对数字经济的主要特征进行了分析，认为数字经济通过要素变革、技术变革、产业变革和治理变革推动社会生产方式更新；将数字经济的运作方式和传统经济的运作方式进行对比，分析数字经济的运行机理，揭示了数字经济能通过利用网络信息技术，提高生产过程中的经济效率、降低交易过程中的运行成本以及增加扩散过程中的溢出效应的方式，促进经济社会发展。其次，基于协同和治理的内涵以及减污与降碳间的关系，将减污降碳协同治理定义为"利用环境污染物排放和碳排放同根同源同过程的特性，通过节能减排和结构减排等方式，在减少常规污染物排放的同时也减少二氧化碳排放的过程"，指出减污降碳协同治理实际上为一个复杂系统，需要从目标协同、空间协同、对象协同、措施协同、政策协同以及平台协同六方面入手实现协同治理目标。最后，基于依靠数字经济推动减污降碳协同治理的目标协同、空间协同、对象协同、措施协同、政策协同以及平台协同的目标，将数字经济对减污降碳协同治理的影响分解为数据要素、数字技术创新、数字产业化和产业数字化、数字金融以及数字治理等方面，进而分析数字经济对减污降碳协同治理的作用机制，为本书后续的实证分析搭建了强有力的基础理论框架。

第3章 中国数字经济核心产业的
统计测度及动态演进规律

数字经济核心产业是数字经济最为重要、最为关键的组成部分，也是数字经济发展的根基和动力源泉。为提高数字经济核心产业规模测度的准确性，本章重点依据《数字经济及其核心产业统计分类（2021）》，建立数字经济核心产业规模测度框架，将数字经济核心产业划分为数字化基础设施、数字技术应用及服务、数字化交易和数字化媒体四个部分，对2011～2021年我国数字经济核心产业规模进行统计测度，进而使用核（kernel）密度估计、Moran's I（莫兰）指数、基尼系数和马尔可夫链等方法，分析数字经济核心产业发展的典型特征。

3.1 数字经济核心产业统计测度的主要进展

近年来，我国数字经济蓬勃发展，数字经济发展的广度和深度均在不断拓展，数字产业化规模急剧扩张，产业数字化转型迈上新台阶，数字化服务能力和数字化治理能力显著增强。同时，新冠疫情以来，大部分国家经济处于衰退状态，但数字经济却开拓出巨大的发展空间。当前，世界各国越来越重视数字经济的战略地位，将持续完善数字经济布局，鼓励数字化技术创新，推动数字经济高质量发展（段立新等，2017；OECD，2020；Sidorov and Senchenko，2020）。

但是，随着信息通信技术产业的创新发展以及相关产品和服务价格的下降，基于互联网的免费数字化产品和服务不断增加，使得 GDP 核算中存在着未能捕获的数字经济增加值（Watanabe et al.，2018；Erik and Avinash，2019）。因此，要把握数字经济的未来发展方向，制定科学合理的数字经济发展政策（Chen et al.，2023），就要准确测度数字经济发展规模，摸清数字经济产业发展的优势和短板。一些学者通过构建数字经济发展水平指标体系来测度数字经济发展水平（金灿阳等，2022；蔡绍洪等，2022；王胜鹏等，2022）。目前，国内外关于数字经济增加值的研究主要集中于窄口径的数字产业化规模测度、包含产业数字化的宽口径数字经济规模测度

（许宪春和张美慧，2022）。测度方法主要有生产法、投入产出分析法、增长核算框架法、计量经济学回归法等（表 3-1），不同机构和学者测度出的数字经济规模存在一定的差异。为了形成统一可比的统计标准、口径和范围以便于数字经济核心产业规模核算，2021 年，国家统计局公布了《数字经济及其核心产业统计分类（2021）》[①]。

表 3-1　数字经济规模测度方法比较

测度方法	测度思路	代表性研究	优缺点
生产法	根据国家发布的相关产品分类及国民经济产业分类等资料，界定数字经济测度范围，并借助相关调整系数测度数字经济增加值	Barefoot 等（2018）、许宪春和张美慧（2020）、韩兆安等（2021）、鲜祖德和王天琪（2022）、易明等（2022）等	部分研究忽略了非完全数字化产业的数字经济增加值
投入产出分析法	将投入产出表的产业划分为数字经济产业和非数字经济产业，计算非数字经济产业的转换系数，并与该产业总产值相乘得到数字经济增加值，最终将投入产出表转换为数字经济投入产出表	贺铿（1989）、康铁祥（2008）、曾昭磬（2001）等	该方法涉及数字化产业识别与划分，但随着数字产业升级迭代，该方法的适用性将不断降低
增长核算框架法	充分考虑产业数字化的核算，通过计算信息通信技术资本存量等方法将数字经济增加值从 GDP 中剥离出来	中国信息通信研究院（2021）、蔡跃洲（2018）、蔡跃洲和牛新星（2021）、李海舰等（2021）、彭刚和赵乐新（2020）等	该方法依赖于一定的经济学假定，相关研究测度结果差别较大
计量经济学回归法	将 GDP 与构建的互联网+数字经济指数进行回归，进而估计数字经济增加值	腾讯研究院（2017）	该方法的科学性和权威性有待考证

聚焦到数字经济增加值及其规模测度领域，不同学者和机构在数字经济内涵界定、测度范围划分和测度框架搭建方面呈现出一定的差异性。数字经济产业主要包括数字设备制造业、数字信息传输业等五个大类（关会娟等，2020）。许宪春和张美慧（2020）参照《统计用产品分类目录》和《中国投入产出表》，首先根据数字经济的内涵界定筛选出数字产品，划分数字经济产业，并测度了我国 2007～2017 年数字经济产业化增加值。鲜祖德和王天琪（2022）依据《数字经济及其核心产业统计分类（2021）》，结合生产法和投入产出分析法构造数字经济测度框架，测度了我国 2012～2021 年数字经济核心产业增加值，并使用模型拟合预测了 2021～2025 年

[①]　其中明确将数字经济核心产业范围确定为：01 数字产品制造业、02 数字产品服务业、03 数字技术应用业、04 数字要素驱动业、05 数字化效率提升业 5 个大类，这为探索开展中国数字经济全产业的核算工作奠定了重要基础。

增加值规模，发现数字技术应用业和数字要素驱动业发展速度最快，是带动数字经济核心产业整体发展的关键性产业。韩兆安等（2021）从马克思政治经济学角度对数字经济进行产业划分，从省际层面对我国数字经济规模进行了测度。

基于数字经济增加值测度结果，学者分析了数字经济发展水平的区域差异，主要从数字经济发展的空间集聚性、分布特征、地区差异分解和时空演化趋势展开。在空间集聚性上，潘为华等（2021）研究发现我国数字经济发展具有显著的空间依赖性；在分布特征及地区差异分析方面，刘传明等（2020）、韩兆安等（2021）、Tang 等（2021）、易明等（2022）均认为我国数字经济发展存在明显的两极分化现象，区域间差异是造成数字经济发展差异较大的主要原因；在时空演变趋势方面，李研（2021）研究发现我国数字经济产出效率保持稳定趋势的可能性较大，同时，不同发展水平的区域有着不同的向上和向下转移的概率。

科学高效测度数字经济产业规模是分析其发展趋势及空间发展特征的前提与基础，但现有研究仍存在有待深入拓展的空间。一是在对数字经济产业规模测度上，数字经济产业划分尚未达成一致，数字经济及相关产业的调整系数也存在多元性，但只有基于统一的数字经济产业分类方式及其对应的调整系数才能形成标准统一、可比可测的数字经济产业规模。二是在对数字经济核心产业的时空特征分析上，较少基于省级长时段的精细分析，只有对我国的区际数字经济核心产业发展进行长期观测，才能了解其发展结构性短板及未来发展的重点方向。据此，本章基于我国 30 个省区市（不含西藏自治区和港澳台地区）2012 年和 2017 年投入产出表的相关数据，对标《数字经济及其核心产业统计分类（2021）》关于"数字产业化"的产业划分，综合运用生产法和投入产出分析法，优化部分测度系数，对各省区市数字经济核心产业增加值进行测度，并多角度分析我国数字经济核心产业发展的典型特征。

3.2   数字经济核心产业的内涵和测度范围

3.2.1   数字经济核心产业的内涵和边界

随着经济社会发展和信息通信技术不断更迭，以信息通信技术创新为依托的新兴产业不断出现，数字经济内涵在最初的信息通信技术核心产业定义基础上不断丰富和变化。具体而言，数字经济主要包括信息通信技术核心产业、利用数字工具进行的经济活动以及数字化驱动产业升级产生的经济效应（许宪春和张美慧，2022；李静，2020；陈亮，2021；任保平等，2022）。从产业分类角度看，数字经济包括数字产业化和产业数字化，其中数字产业化主要是指信息产业，具体包括电子信息制造业、电信业、软件和信息技术服务业、互联网业等，产业数字化主要是指非数字产业依靠数字技术重组或优化生产环节升级带来的效率提升，具体包括了工业 4.0、智慧农场、智慧医疗、智慧城市等（中国信息通信研究院，2017）。

此外，与数字经济密切相关的一个概念是数字经济核心产业，它不包括非数字产业本身利用数字技术进行效率提升和结构优化的经济活动，主要是指以数据资源为主要生产要素，以信息通信技术和互联网为依托，为非数字产业的数字化转型提供技术、产品、服务等数字化资源的经济活动，主要包括数字化基础设施、数字技术应用及服务、数字化交易、数字化媒体四个部分。其中，数字化基础设施是指为数字经济发展提供必要的设备、元器件、光纤电缆等基础设施的经济活动；数字技术应用及服务是指为数字经济发展提供必要的信息传输、软件和信息技术服务以及为数字产品流通和数字设备维护提供辅助性服务的经济活动；数字化交易是指通过数字化订购或数字化平台实现数字内容传递与经济交易；数字化媒体是指用户通过数字化设备以及网络平台、音视频网站等创建 存储或浏览的付费数字内容。

3.2.2　数字经济核心产业的测度范围

结合前文对数字经济核心产业的内涵界定，本章的测度范围为：第一，数字化基础设施主要包括制造业和建筑业中的部分行业。第二，数字技术应用及服务主要包括信息传输、软件和信息技术服务业的所有子类行业，批发和零售业、金融业等产业的部分行业。第三，数字化交易主要包括批发和零售业的部分行业。第四，数字化媒体主要包括广播、电视、电影和录音制作业的所有子类行业，新闻和出版业的部分行业，具体测度范围如图 3-1 所示。

需要说明的是，本章对数字化核心产业划分和测度范围在已有文献研究基础上进行了优化和完善。一方面，在 I-65 软件和信息技术服务业的划分上，现有研究将其按固定比例划入数字赋能基础设施和数字化媒体中，但从实践上讲，I-65 本身就是数字经济的重要组成部分，故本章将其全部纳入数字技术应用及服务进行测度。另一方面，本章将所有的非完全数字经济产业纳入了统计测度，如将金融业、租赁和商务服务业等纳入了数字技术应用及服务中测度。

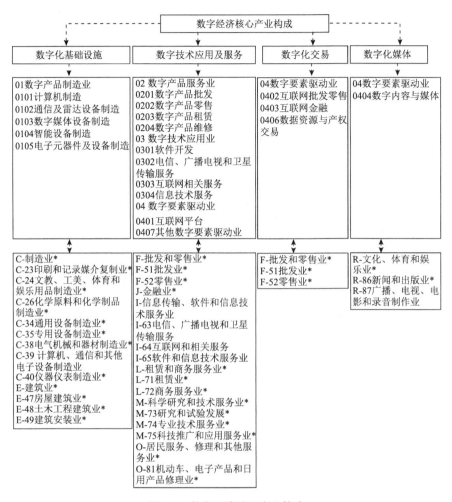

图 3-1　数字经济核心产业构成

产业后加*的为非完全数字经济产业，其余为完全数字经济产业；假定I-信息传输、软件和信息技术服务业为完全数字经济产业

3.3　数字经济核心产业规模测度基本框架

3.3.1　数字经济核心产业规模测度系数

中国省际层面的投入产出表为每5年更新一次，且只涵盖42个部门，缺失数据年份的增加值和各产业部门下数字经济产业小类的增加值无法直接测度，需要借助几个重要的测度系数，分别是行业增加值结构系数、数字经济调整系数和数字经济贡献率。运用这些系数进行测度时，需要满足两个基本前提。

前提 1：数字经济产业中间投入占数字经济总产出的比重与对应产业大类的中间投入占总产出的比重相同。

前提 2：某个产业的数字经济贡献率应等于该产业数字经济增加值占产业总增加值的比重。

其中，数字经济贡献率是指数字经济核心产业中数字产品和服务的投入占总投入的比重。数字产品和服务是指计算机、通信和其他电子设备制造业以及信息传输、软件和信息技术服务业所生产的产品和提供的服务（康铁祥，2008），本章参照这个的定义，计算各行业的数字经济贡献率，具体的计算公式如下：

$$数字经济贡献率 = \frac{数字产品及服务投入}{产业内部总的中间投入} \tag{3-1}$$

投入产出表中未列出的数字经济产业小类的增加值测度，需要引入行业子类增加值系数和数字经济调整系数将数字经济增加值从产业大类增加值中剥离出来，当某行业子类为数字经济核心产业时，以上两个系数在本质上是一致的，其计算公式如下：

$$行业子类增加值系数 = \frac{行业子类增加值}{行业大类增加值} \tag{3-2}$$

$$数字经济调整系数 = \frac{行业数字经济增加值}{行业总增加值} \tag{3-3}$$

3.3.2　数字经济核心产业各组成部分的测度方法

1. 数字化基础设施的测度方法

本节主要采取生产法、投入产出分析法进行核算，其中 C-39 计算机、通信和其他电子设备制造业属于完全数字经济产业，其增加值直接使用投入产出表增加值数据进行加总。其余非完全数字经济产业采取数字产品投入产出分析法，由数字经济贡献率与其所属的产业大类增加值的乘积所得。

本节的数字经济调整系数均采用各数字经济核心产业占地区工业增加值的比重进行计算。如前所述，投入产出表每 5 年更新一次，故假定数字经济调整系数在短期内保持不变，即 2012 年和 2017 年各个数字产业的数字经济调整系数在短期内保持不变。对于完全数字经济产业和非完全数字经济产业缺失数据年份的增加值，均结合历年地区工业增加值数据进行估计（《中国统计年鉴》每年公布的建筑业增加值数据无须用此方法估计）。

2. 数字技术应用及服务的测度方法

本节 I-信息传输、软件和信息技术服务业属于完全数字经济产业，其增加值直接使用历年投入产出表的增加值总数据，将其占地区工业增加值的比重作为数字经济调整系数，结合历年地区工业增加值数据测度数据缺失年份的增加值。F-批发和零售业部分的子类产业的数字经济调整系数采用其营业收入占批发和零售业营业收入的比值（数据来自《中国经济普查年鉴》），鉴于数据的可得性，各省区市均采用全国的系数，并假定该系数在短期内保持不变，结合历年批发和零售业增加值估计缺失年份的数字经济增加值。其余非完全数字经济产业的数字经济增加值使用投入产出分析法估计，其数字经济调整系数使用各个增加值占其他行业增加值的比重（数据来自《中国统计年鉴》），结合历年其他行业增加值数据估计缺失年份的数字经济增加值。

3. 数字化交易的测度方法

数字化交易部分主要包括互联网零售、互联网批发、网上贸易代理，该部分将同时使用生产法与投入产出分析法。根据投入产出表数据，借助数字经济贡献率计算各省区市对应的数字经济增加值，各省区市数字经济调整系数使用全国互联网零售占零售业的比重、全国互联网批发和网上贸易代理占批发业的比重（数据来自《中国经济普查年鉴》），假定数字经济调整系数在短期内保持不变，结合历年批发业和零售业的增加值数据估计缺失年份的数字经济增加值。

4. 数字化媒体的测度方法

本节将同时使用生产法与投入产出分析法。首先根据数字产品投入产出数据，计算对应的数字经济增加值，其次计算各产业的数字经济调整系数，最后结合历年文化、体育和娱乐业增加值计算数字化媒体增加值。由于数据的可得性，各省区市新闻和出版业的数字经济调整系数使用全国音像制品出版、电子出版物出版和数字出版的营业收入占文化及相关产业营业收入的比重（数据来自《中国经济普查年鉴》），广播、电视、电影和录音制作业的数字经济调整系数使用全国广播、电视、电影和录音制作业营业收入占文化、体育和娱乐业营业收入的比重（数据来自《中国经济普查年鉴》）。

3.3.3 部分缺失数据的处理

2018 年《中国统计年鉴》统计口径发生变化，并未统计分地区行业增加值，故假设在短期内各地区各行业增加值占全国的比例保持不变，利用 2018 年全国各行业增加值乘以 2017 年对应的比例得到各省区市的增加值数据。此外，由于《中国统计年鉴》未将文化、体育和娱乐业增加值纳入分地区行业增加值，仅测度了全国数据，因此本章根据投入产出表中各省区市文化、体育和娱乐业增加值数据，假设各省区市文化、体育和娱乐业增加值占全国的比重在短期内保持不变，将全国数据乘以相应的比例估计缺失年份的文化、体育和娱乐业增加值数据。

3.4　中国数字经济核心产业规模测度结果

3.4.1　我国层面数字经济核心产业规模测度结果分析

我国数字经济核心产业规模测度结果如表 3-2 所示，从总体规模变化情况看，我国数字经济核心产业增加值由 2011 年的 37 997.67 亿元增长到 2021 年的 89 558.63 亿元，增幅达 135.70%，整体呈现出直线式上升的特点。"十二五"和"十三五"期间，数字经济核心产业规模的年均复合增长率分别为 7.35% 和 9.40%。此外，从数字经济核心产业对经济增长的贡献度看，数字经济核心产业增加值占 GDP 的比重基本保持在 6.95%～8.01%，在 2011～2021 年呈现出先下降后上升再下降的变化特征。

表 3-2　我国数字经济核心产业规模测度结果

年份	数字化基础设施产业增加值/亿元	数字技术应用及服务产业增加值/亿元	数字化交易产业增加值/亿元	数字化媒体产业增加值/亿元	数字经济核心产业增加值/亿元	数字经济核心产业增长率	数字经济核心产业增加值占 GDP 比重
2011	15 880.56	20 985.17	458.71	673.23	37 997.67		0.072 9
2012	18 690.26	21 862.29	496.90	790.44	41 839.89	10.11%	0.072 6
2013	20 012.64	23 450.39	648.02	997.17	45 108.22	7.81%	0.071 6
2014	21 043.12	25 559.39	698.77	1 135.02	48 436.30	7.38%	0.070 8
2015	21 492.58	26 895.94	738.16	1 344.61	50 471.29	4.20%	0.069 8
2016	22 923.16	29 027.23	792.64	1 481.62	54 224.65	7.44%	0.069 5
2017	25 555.76	39 701.83	848.31	1 759.26	67 865.16	25.16%	0.080 1
2018	25 955.90	41 425.34	1 846.27	2 398.75	71 626.26	5.54%	0.078 3
2019	27 695.77	44 381.72	2 084.12	2 673.57	76 835.18	7.27%	0.078 2
2020	27 874.94	44 749.07	2 093.17	2 979.87	77 697.05	1.12%	0.076 6
2021	32 252.03	52 130.92	2 415.64	2 760.04	89 558.63	15.27%	0.078 9

从数字经济核心产业的具体构成部分看，数字化基础设施、数字技术应用及服务、数字化交易和数字化媒体的产业增加值均呈现出逐年增加的趋势（表 3-2）。2021 年，这四个细分产业在数字经济核心产业增加值中分别占 36.01%、58.21%、2.70% 和 3.08%。可以看到，数字技术应用及服务的占比最高，数字化交易的占比最低。从增速看，数字化交易的年平均增长率达到 21.30%，在四个细分产业中增速最快，数字化基础设施的年平均增长率为 7.48%，增速最慢（表 3-3）。

表 3-3　我国数字经济核心产业细分产业的增长情况

年份	数字化基础设施		数字技术应用及服务		数字化交易		数字化媒体	
	占比	增长率	占比	增长率	占比	增长率	占比	增长率
2011	41.79%		55.23%		1.21%		1.77%	
2012	44.67%	17.69%	52.25%	4.18%	1.19%	8.33%	1.89%	17.41%
2013	44.37%	7.08%	51.99%	7.26%	1.44%	30.41%	2.21%	26.15%
2014	43.44%	5.15%	52.77%	8.99%	1.44%	7.83%	2.34%	13.82%
2015	42.58%	2.14%	53.29%	5.23%	1.46%	5.64%	2.66%	18.47%
2016	42.27%	6.66%	53.53%	7.92%	1.46%	7.38%	2.73%	10.19%
2017	37.66%	11.48%	58.50%	36.77%	1.25%	7.02%	2.59%	18.74%
2018	36.24%	1.57%	57.84%	4.34%	2.58%	117.64%	3.35%	36.35%
2019	35.96%	6.70%	57.62%	7.14%	2.71%	12.88%	3.47%	11.46%
2020	35.96%	0.65%	57.73%	0.83%	2.70%	0.43%	3.84%	11.46%
2021	36.01%	15.70%	58.21%	16.50%	2.70%	15.41%	3.08%	−7.38%

3.4.2　省际层面数字经济核心产业规模测度结果分析

省际测度结果显示（图 3-2），各省区市之间数字经济核心产业增加值及其对经济发展的贡献存在较大的差异。2021 年，广东和江苏的数字经济核心产业增加值分别为 17 888.88 亿元和 13 171.86 亿元，均超过了 1 万亿元水平，我国共有 4 个省市的数字经济核心产业增加值处于 4000 亿～10 000 亿元水平，而新疆、内蒙古数字经济发展水平较低。此外，图 3-2 中的折线表示 2011～2021 年各省区市数字经济核心产业增加值占 GDP 的平均比重，可以看到，广东、江苏、北京、上海四个省市的占比均超过了 10%，处于全国领先地位，位于第一梯队，浙江、四川、福建、湖北、湖南、重庆等省市的占比在 6% 至 8% 之间，处于第二梯队，其余省份占比均低于 6%，处于第三梯队。

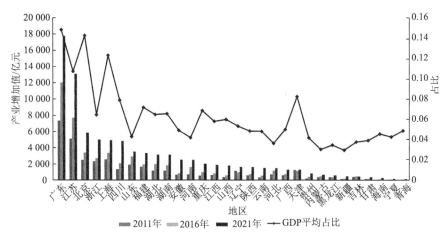

图 3-2 2011～2021 年我国 30 个省区市数字经济核心产业规模比较

3.4.3 四大区域板块数字经济核心产业规模测度结果分析

从 2021 年的数据看（表 3-4），东部、中部、西部和东北四大区域板块中，数字经济核心产业增加值从大到小依次为东部、中部、西部、东北，其中，东部地区以 57 091.6 亿元位居第一位，高于其余三个板块的总和；从数字经济核心产业增加值占 GDP 的比重看，东部地区以 9.64%的水平稳居第一位，中部、西部和东北分列 2～4 位；从数字经济核心产业的具体构成部分看，东部地区的数字化基础设施增加值、数字技术应用及服务增加值、数字化媒体增加值、数字化交易增加值均为最大。综上所述，就四大区域板块而言，数字经济核心产业规模以及数字经济贡献率呈现出"东强西弱"的格局，这一格局特征与目前四大区域板块的经济发展水平呈现出的格局特征一致。

表 3-4 2021 年全国四大区域板块数字经济核心产业细分产业发展情况

数字经济产业	东部地区		中部地区		西部地区		东北地区	
	增加值/亿元	增加值占GDP比重	增加值/亿元	增加值占GDP比重	增加值/亿元	增加值占GDP比重	增加值/亿元	增加值占GDP比重
数字经济核心产业	57 091.6	9.64%	15 265.3	6.10%	14 399.3	6.06%	2 802.5	5.03%
数字化基础设施	23 524.7	3.97%	4 503.0	1.80%	3 764.2	1.58%	460.2	0.77%
数字技术应用及服务	30 877.9	5.21%	9 380.6	3.75%	9 755.2	4.11%	2 117.2	3.80%
数字化媒体	1 436.6	0.24%	453.8	0.18%	430.8	0.18%	94.5	0.17%
数字化交易	1 252.4	0.21%	927.9	0.37%	449.1	0.19%	130.6	0.23%

3.5 中国数字经济核心产业发展特征的进一步分析

3.5.1 数字经济核心产业发展特征的分析方法

1. 核密度估计

核密度估计是一种用连续的概率密度曲线反映随机变量分布形态的非参数估计方法（Silverman，1986）。通过核密度估计，能够从样本数据中看出总体分布的位置、趋势、延展性以及多极化情况。核密度估计量的估计式为

$$f(x) = \frac{1}{nh} \sum_{i=1}^{n} K\left(\frac{x_i - \bar{x}}{n}\right) \tag{3-4}$$

其中，n 为研究对象个数；x_i 为第 i 个研究对象；h 为带宽；$\bar{x}$ 为研究数据的均值；$K(\cdot)$ 为核密度函数。常见的核函数主要有均匀核、三角核、高斯核等。本章采用高斯核函数进行核密度估计，其数学形式为

$$K = \frac{1}{\sqrt{2\pi}} e^{-\frac{z^2}{2}} \tag{3-5}$$

其中，z 为标准化距离。

2. Moran's I 指数

Moran's I 指数是一种衡量空间相关性的指标，主要分为全局 Moran's I 指数和局部 Moran's I 指数。全局 Moran's I 指数可衡量全局空间相关性，判断空间内的整体集聚程度，局部 Moran's I 指数则衡量局部空间相关性，将空间的集聚情况定位到具体的位置。Moran's I 指数在[−1，1]取值，其数值的绝对值越大，表明相关性越强。本章根据 30 个省区市之间的共点共边关系构建空间权重矩阵，采用全局 Moran's I 指数测度各省区市之间的整体关联程度，计算局部 Moran's I 指数并绘制 Moran's I 指数散点图以考察数字经济核心产业发展的空间聚集性，Moran's I 指数计算公式如下：

$$I = \frac{n \sum_{i=1}^{n} \sum_{j=1}^{n} \omega_{ij} (x_i - \bar{x})(x_j - \bar{x})}{\sum_{i=1}^{n} \sum_{j=1}^{n} \omega_{ij} \sum_{i=1}^{n} (x_i - \bar{x})^2} \tag{3-6}$$

其中，$i \neq j$；n 为空间要素的总数；x_i 为第 i 个省区市的数字经济核心产业增加值；x_j 为第 j 个省区市的数字经济核心产业增加值；$\bar{x}$ 为各省区市

数字经济核心产业增加值均值；ω_{ij} 为 i 和 j 之间的空间权重。

3. 基尼系数

基尼系数是一种将数据的地区差异按照来源进行分解并精确量化不同类型的地区差异对总体差异的贡献程度的分析指标。基尼系数地区差异可以分解为地区内差异贡献、地区间差异贡献和超变密度的贡献 G_t 三个部分，且总体差异值等于三部分差异值之和，根据基尼系数的定义，将 n 个数据划分为 k 组，j、h 分别代表不同的分组，n_j、n_h 分别表示第 j 组、第 h 组内数据的个数，y_{jr}、y_{ji}、y_{hr} 分别表示第 j 组、第 h 组内任一变量数据。$\bar{y}$ 表示所有研究数据的均值，总体基尼系数 G、地区内差异的贡献 G_{jj}、地区间差异的贡献 G_{jh} 的计算公式如下：

$$G = \frac{\sum_{j=1}^{k}\sum_{h=1}^{k}\sum_{i=1}^{n_j}\sum_{r=1}^{n_h}\left|y_{ji} - y_{hr}\right|}{2n^2\bar{y}} \tag{3-7}$$

$$G_{jj} = \frac{\sum_{i=1}^{n_j}\sum_{r=1}^{n_h}\left|y_{ji} - y_{jr}\right|}{2n^2\bar{Y}_j} \tag{3-8}$$

$$G_{jh} = \frac{\sum_{i=1}^{n_j}\sum_{r=1}^{n_h}\left|y_{ji} - y_{hr}\right|}{n_j n_h\left(\bar{Y}_j + \bar{Y}_h\right)} \tag{3-9}$$

其中，$\bar{Y}_j$、$\bar{Y}_h$ 为第 j 组和第 h 组的均值。

4. 马尔可夫链

马尔可夫链是一种时间和状态均为离散的马尔可夫过程，是研究事物状态转移概率的一种数学方法（南京大学金陵学院大学数学教研室，2014；蒲英霞等，2005）。马尔可夫链中随机变量的状态随时间的变化被称为转移，这种状态转移具有无记忆性，即随机过程在每一时刻的状态仅与该过程在前一时刻的状态有关，与其他时刻的状态均无关。随机变量 X 在 t 时刻处于 m 的状态下，$t+1$ 时刻处于 n 状态的条件概率可定义为

$$P_{mn} = P\left(X_{t+1} = n \mid X_t = m\right) \tag{3-10}$$

不同年份、区域的数字经济核心产业状态转移可以用一个 $k \times k$ 维的矩阵来表示，其中 k 表示随机变量可能存在的状态总数，矩阵中每个元素的取值为 P_{mn}，表示在 t 时刻处于状态 m 下的样本观测值在 $t+1$ 时刻转移到状态 n 的概率，其估计式如下：

$$P_{mn} = \frac{N_{mn}}{N_m} \tag{3-11}$$

其中，N_{mn} 为在 $t+1$ 年从状态 m 变化为状态 n 的研究对象数量；N_m 为全部研究时间范围内所有处于状态 m 的研究对象数量。

3.5.2　数字经济核心产业发展特征的分析结果

1. 核密度估计结果分析

图 3-3 为我国数字经济核心产业规模在 2011～2021 年的核密度估计图。从多极化特征来看，曲线呈现双峰形态，存在较强的极化趋势，次峰峰值明显低于主峰峰值，且主峰峰值逐年下降，次峰逐渐向右平移，这表明数字经济核心产业发展的空间差异性和分散性逐渐增强，存在明显的区域数字鸿沟现象。从曲线的分布形态来看，主峰和次峰之间的高度差距逐渐减小，这表明我国数字经济核心产业发展两极化趋势不断改善，但整体的梯级现象仍然存在。

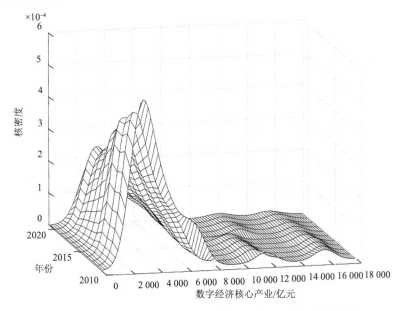

图 3-3　2011～2021 年我国数字经济核心产业规模核密度估计

2. 空间依赖性分析

一方面，对各省区市数字经济核心产业增加值数据取对数处理以消除数据的异方差，基于地理空间权重矩阵，使用 Stata 软件计算我国数字经济核心产业规模的全局 Moran's I 指数，计算结果如表 3-5 所示，可以看到，

2011 年至 2021 年，我国数字经济核心产业规模的全局 Moran's I 指数均为
正值，绝大部分年份统计量的数值在 10%的置信水平上通过了显著性检验，
表明我国数字经济核心产业发展具有显著的正向空间依赖性。

表 3-5　我国数字经济核心产业规模的全局 Moran's I 指数

年份	I	E（I）	SD（I）	Z 值	P 值
2011	0.081	−0.034	0.104	1.113	0.133
2012	0.113	−0.034	0.099	1.493	0.068
2013	0.111	−0.034	0.098	1.434	0.069
2014	0.113	−0.034	0.098	1.506	0.066
2015	0.116	−0.034	0.098	1.538	0.062
2016	0.121	−0.034	0.098	1.591	0.056
2017	0.107	−0.034	0.101	1.395	0.082
2018	0.109	−0.034	0.102	1.410	0.079
2019	0.094	−0.034	0.102	1.262	0.103
2020	0.094	−0.034	0.102	1.255	0.105
2021	0.099	−0.034	0.103	1.299	0.097

注：I 是 Moran's I 指数，E（I）是 Moran's I 指数的期望值，SD（I）是 Moran's I 指数的标准差

另一方面，使用 Stata 软件对我国各省区市数字经济核心产业规模的空
间聚集性进行分析。整体而言，我国数字经济核心产业发展具有显著的正
向依赖性。具体来看，江苏、山东、广东、湖北等省份的数字经济核心产
业发展均具有"高-高"的空间集聚性特征，表明这些省份之间的数字经济
核心产业增长存在着显著的空间溢出效应。

3. 基尼系数分解结果

首先，根据所得出的基尼系数测度结果，按照东部、中部、西部和东
北四大区域分别分析其演变规律（图 3-4）。总体来看，2011～2021 年我
国数字经济核心产业规模总体基尼系数较高，数值均超过 0.5，表明我国数
字经济核心产业发展具有较强的差异性，但随着时间的推移，数值有缓慢
下降的趋势。同时，各区域的基尼系数变化呈现明显差异：东部地区由 2011
年的 0.41 上升至 2021 年的 0.47，西部地区由 2011 年的 0.40 上升至 2021
年的 0.47，东北地区由 2011 年的 0.24 上升至 2021 年的 0.27，表明东部、
西部和东北地区的数字经济核心产业发展差异性有所增强，且西部地区的
差异性变化最为明显；中部地区基尼系数最低，且呈现下降趋势，由 2011

年的 0.19 下降至 2021 年的 0.11，表明中部地区各省区市间数字经济核心产业发展的差异性在逐渐缩小。

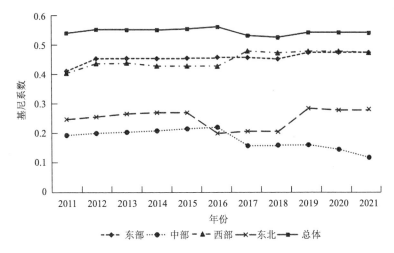

图 3-4   2011～2021 年四大区域板块数字经济核心产业基尼系数变化趋势

其次，从基尼系数的地区差异分解来看，我国数字经济核心产业基尼系数的差异主要来自地区间差异贡献 G_b，但其贡献率呈现下降的趋势，由2011 年的 70.93% 下降至 2021 年的 64.86%（表 3-6）。地区内差异贡献 G_w 的贡献率呈现增加趋势，由 2011 年的 22.09% 上升至 2021 年的 24.64%。此外，超变密度差异的贡献 G_t 最低，其贡献率呈现增加趋势，由 2011 年的 6.98% 上升至 2021 年的 10.50%，这表明总体差异中由交叉项带来的差异值的贡献率呈增加趋势。

表 3-6   2011～2021 年我国数字经济核心产业基尼系数分解

年份	地区内差异贡献 G_w		地区间差异贡献 G_b		超变密度差异的贡献 G_t	
	差异值	贡献率	差异值	贡献率	差异值	贡献率
2011	0.1189	0.2209	0.3817	0.7093	0.0376	0.0698
2012	0.1296	0.2355	0.3771	0.6852	0.0436	0.0793
2013	0.1299	0.2362	0.3755	0.6828	0.0446	0.0810
2014	0.1294	0.2358	0.3758	0.6848	0.0436	0.0795
2015	0.1301	0.2354	0.3799	0.6877	0.0424	0.0768
2016	0.1316	0.2351	0.3876	0.6925	0.0405	0.0724
2017	0.1300	0.2452	0.3469	0.6546	0.0531	0.1001
2018	0.1283	0.2448	0.3420	0.6527	0.0537	0.1025

年份	地区内差异贡献 G_w		地区间差异贡献 G_b		超变密度差异的贡献 G_t	
	差异值	贡献率	差异值	贡献率	差异值	贡献率
2019	0.1341	0.2481	0.3470	0.6420	0.0594	0.1098
2020	0.1336	0.2479	0.3456	0.6412	0.0598	0.1109
2021	0.1329	0.2464	0.3499	0.6486	0.0566	0.1050

最后，为考察区域间差异的时空演变，本章从中部—东部、西部—东部、西部—中部、东北—东部、东北—中部和东北—西部六个角度进行分析（表 3-7）。中部—东部差异值由 2011 年的 0.565 下降至 2021 年的 0.492，西部—中部差异值由 2011 年的 0.394 上升至 2021 年的 0.443，东北—中部差异值由 2011 年的 0.259 上升至 2021 年的 0.463，可以看出，随着中部地区数字经济核心产业的快速发展，中部地区与东部地区的差异逐渐缩小，与西部和东北地区的差异逐渐增大。同时，西部—东部差异值由 2011 年的 0.731 下降至 2021 年的 0.686，表明东西差异在 2011～2021 年显著下降，但目前东西差异仍然比较明显。

表 3-7　2011～2021 年全国地区间数字经济核心产业发展差异值

年份	中部—东部	西部—东部	西部—中部	东北—东部	东北—中部	东北—西部
2011	0.565	0.731	0.394	0.626	0.259	0.382
2012	0.540	0.731	0.435	0.653	0.306	0.395
2013	0.536	0.729	0.439	0.655	0.315	0.398
2014	0.536	0.728	0.434	0.658	0.319	0.392
2015	0.536	0.732	0.437	0.670	0.337	0.390
2016	0.542	0.735	0.437	0.721	0.373	0.346
2017	0.479	0.689	0.443	0.691	0.385	0.391
2018	0.473	0.683	0.440	0.682	0.380	0.385
2019	0.486	0.687	0.448	0.735	0.464	0.423
2020	0.486	0.685	0.444	0.736	0.464	0.425
2021	0.492	0.686	0.443	0.742	0.463	0.423

4. 状态转移概率分析

本节对无滞后期的马尔可夫转移概率矩阵的计算仍然遵循 0（含）～1000 亿元、1000 亿（含）～2000 亿元、2000 亿（含）～4000 亿元、4000 亿（含）～10 000 亿元和 10 000 亿（含）～16 000 亿元五个梯级，分别对应落后水平、较弱水平、中等水平、较强水平和发达水平。经计算发现，当某省区市数字经济核心产业增加值在第 t 年处于 0（含）～1000 亿元、1000 亿（含）～2000 亿元、2000 亿（含）～4000 亿元水平时，在第 $t+1$ 年维持不变的概率分别为 92.91%、90.00%、91.84%，在第 $t+1$ 年向上一梯级转移的概率分别为 7.09%、10.00%、8.16%。当某省区市数字经济核心产业增加值在 4000 亿（含）～10 000 亿元和 10 000 亿（含）～16 000 亿元水平时，在第 $t+1$ 年维持不变的概率为 100%，在第 $t+1$ 年向上一梯级转移的概率为 0。由表 3-8 可知，我国数字经济核心产业规模在短期内呈现稳定增长的趋势，且数字经济由较弱水平向中等水平转移的概率最高，在短期内没有出现向低一梯级水平转移的观测值。

表 3-8   马尔可夫转移概率矩阵

水平等级	落后水平	较弱水平	中等水平	较强水平	发达水平
落后水平	0.9291	0.0709	0.0000	0.0000	0.0000
较弱水平	0.0000	0.9000	0.1000	0.0000	0.0000
中等水平	0.0000	0.0000	0.9184	0.0816	0.0000
较强水平	0.0000	0.0000	0.0000	1.0000	0.0000
发达水平	0.0000	0.0000	0.0000	0.0000	1.0000

3.6   本 章 小 结

只有完善数字经济测度体系，才能准确衡量数字经济核心产业的规模和贡献度，进而挖掘数字经济的真正价值，促进区域间数字经济持续健康协调发展（任保平等，2022），然而当前关于数字经济的内涵界定和统计测度方法并没有形成国际普遍的共识。为此，本章对我国 30 个省区市 2011～2021 年数字经济核心产业增加值进行了测度，并采用核密度估计、Moran's I 指数、基尼系数、马尔可夫链对数字经济核心产业发展的典型特征进行分析。基本结论如下：①我国数字经济核心产业增加值整体呈现出直线式上升的特点。②广东和江苏数字经济核心产业发展在全国处于绝对领先地位，四川、河南和安徽在 2011～2021 年发展速度较快，以湖北、湖南等为代表的省份数字经济核心产业发展势头强劲，逐渐缩小了与经济发展较好省份的差距。③我国数字经济核心产业处于不断发展过程中，且呈现出明显的不平衡性，存在着区域数字鸿沟现象，数字经济核心产业的总体差异较大，且总体差异主要来自区域间的差异，区域内部差异的贡献较小。④我国数字经济核心产业发展存在显著的正向相关性，江苏、山东、广东等省份在 2011～2021 年存在着显著的空间溢出效应。⑤我国数字经济核心产业发展具有较大的向上转移概率，处于较弱水平和中等水平的地区具有较强的发展潜力，部分落后地区仍存在发展瓶颈，维持现状的概率较高。总之，优化数字经济核心产业的统计测度方法，测度数字经济核心产业的真实规模，是认识和发展数字经济的必然要求。促进数字经济核心产业高质量发展，要建立统一的数字经济核心产业规模核算统计准则，注重数字技术的应用，加强数字基础设施建设，促进区域数字经济核心产业协调合作，缩小区域数字鸿沟。

第4章 中国减污降碳协同治理水平测度及时空分异特征分析

面对生态文明建设的新形势、新任务和新要求，协同推进减污降碳已经成为我国新发展阶段经济社会发展全面绿色转型的必然选择。本章从资源流和能源流两个角度分别阐述减污系统与降碳系统的运行机制，并进一步分析减污降碳协同治理复合系统实现减污降碳协同治理的理论逻辑，通过构建指标体系、运用复合系统协同度模型测度了我国减污降碳协同治理水平，对2011～2021年我国总体及省际层面的减污降碳协同治理水平进行了动态演进规律总结与时空分异特征分析。

4.1 减污降碳协同治理水平测度的理论基础

能源消费、资源利用和工业生产等人为活动会造成大量的污染物及二氧化碳排放，需要通过调整产业结构、生产供给与能源结构实现减污降碳协同治理，进而实现生态环境保护与碳达峰碳中和目标（张瑜等，2022；李红霞等，2022）。减污与降碳协同治理的可行性与必要性主要体现在二者目标协同、空间协同、对象协同、措施协同、政策协同、平台协同等六个方面，减污降碳协同治理的逻辑体系在第2章已经进行过分析（图2-6）。为了较为科学合理地测度减污降碳协同治理水平，还需要进一步分析减污治理和降碳治理的运行机制。

4.1.1 减污治理的资源调节

为分析污染物减排的基本路径，本章首先从资源调节的角度对污染物形成的原因进行总结。将资源投入生产可以获得人类生产生活所需的商品，但同时也会形成大量的污染废弃物，采取有效措施提高资源利用效率、减少生产过程中产生的废弃物是解决资源滥用的有效对策。因此，减污治理可以通过调节人类生产生活主要使用的自然资源和生产资源这两大类资源来实现，污染物减排的基本路径如图4-1所示。

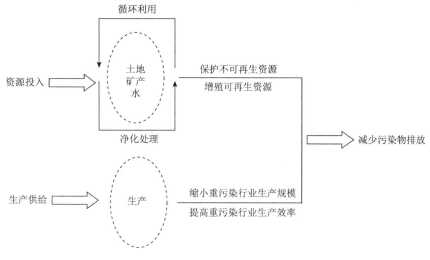

图 4-1　污染物减排的基本路径

1. 自然资源调节

自然资源是指人们能够从自然界直接获得的生产和生活所需的物质，具体可分为三类，分别是不可再生资源，如各种化石燃料、非金属和金属矿物等；可再生资源，如土地、水资源等；取之不尽的资源，如太阳能、风能等。自然资源利用调节的中心任务就是保护不可再生资源和增殖可再生资源，提高资源被再利用的能力，以实现环境效益和经济社会效益的统一。自然资源在被利用的过程中，会产生各种固体废弃物、废水污染物和大气污染物，因此需要实现废弃污染物的循环再利用，用有限的资源满足人类无限的欲望。

为实现"自然资源—废弃物—自然资源"的闭环式循环，应遵循减量化、再利用、可循环的 3R①循环经济原则对其进行利用调节，解决资源浪费造成的环境污染问题。具体来说，压缩固体废物、浓缩液体废物或进行废物无害化焚烧的方法能够实现减量化，固体垃圾循环利用、多种方式使用废物等方法能够实现再利用，深度处理废水、内燃机燃烧后将废气再度吸入使用等方法能够实现可循环。发展循环经济，一方面通过对化石燃料、矿物等使用后的废弃物实现循环再利用，保护不可再生资源，另一方面通过对土地、水等可再生资源的直接循环利用增殖可再生资源。特别是在资源相对匮乏的情况下，对自然资源废弃物进行有效的循环再利用，可以使资源效用得到最大程度的发挥，从而解决资源的不平衡问题。

---

① 3R 是减量化原则（reduce）、再利用原则（reuse）、可循环原则（recycle）的简称。

2. 生产资源调节

生产供给是指在一定时期内、一定条件下，生产者通过利用生产资源提供给消费者的某种商品或劳务的总量，生产供给的前提是生产者拥有充足的生产资源。生产资源，也就是生产要素，是人们在进行社会生产和管理活动时所必需的各种社会资源，是维持国民经济和市场主体生产和运营所必需的基础要素，通常包括土地、劳动力、资本、技术、经济信息和经济管理等。为考虑生产供给过程中的污染物排放问题，可将供给过程简化为生产和销售两个环节，并假设在生产供给的整个过程中，只有生产过程会产生各种污染物。那么，要实现生产供给过程中的污染物减排，就需要从生产过程入手，即通过调节生产资源的使用情况减少污染物排放。在这一过程中，最高效的方法是针对污染严重的行业也即针对重污染行业进行资源利用调节。一般可以从两方面减少重污染行业生产供给过程中的污染物，一是缩小重污染行业生产规模，二是提高重污染行业生产效率。缩小重污染行业生产规模可以通过调整土地、资本、劳动力等生产要素的有效供给实现，此外，清洁生产标准的实施对重污染行业的进入和退出都有显著影响。而提高重污染行业生产效率的关键则是淘汰落后产能，提高先进产能。通过引导重污染行业运用先进的生产工艺和方法，鼓励研发应用煤矿开采和煤化工废水无害化处理技术，开展氮氧化物、硫氧化物等多种污染物协同控制工作，加强煤矸石、粉煤灰等大宗固废的综合利用等方式，可以推动重污染行业向数字化、智能化和绿色化新业态转型。综合来看，缩小行业规模能够使污染物排放直接减少，而提高行业生产效率则能实现污染物排放再处理，两方面途径结合可以使重污染行业逐步由高污化向低污化甚至无污化发展。

4.1.2 降碳治理的能源调节

对于降碳系统而言，能源消费是碳排放的主要来源，故本章从能源调节角度对碳减排的基本路径进行分析。生态系统会通过自发进行碳吸收减少二氧化碳等温室气体在大气中的浓度，而能源的利用消耗则会造成二氧化碳等温室气体的直接或间接排放。因此在发挥生态系统固碳能力的同时减少能源消耗造成的碳排放，是推进节能碳减排，达成碳达峰碳中和目标的最优方案，碳减排的基本路径如图 4-2 所示。

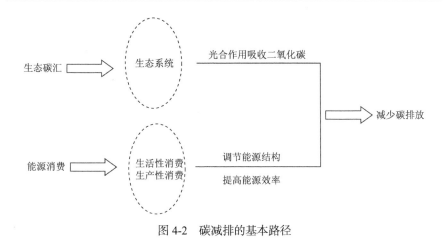

图 4-2　碳减排的基本路径

1. 生态系统调节

碳汇是指通过植树造林、植被恢复等措施，吸收大气中的二氧化碳，从而减少二氧化碳在大气中浓度的过程。生态碳汇在传统碳汇的基础上，增加了草原、湿地、海洋等多个生态系统对碳吸收的贡献。通过生态系统的自我调节，地球生态系统会自动地通过森林、农田、灌丛、草地等绿色植物进行光合作用，吸收大气中的二氧化碳，降低二氧化碳在大气中的浓度。根据 Tang 等（2018）的研究结果，生态系统固碳主要通过森林、农田、灌丛和草地来实现，其中森林和农田生态系统分别贡献了 80% 和 12% 的固碳量，灌丛生态系统贡献了 8% 的固碳量，草地生态系统的碳收支处于平衡状态，因此目前在研究生态系统碳汇问题时仍主要考虑森林碳汇作用。森林碳汇是指森林中的植物吸收大气中的二氧化碳并将其固定在植被或土壤中，从而减少该气体在大气中的浓度。森林的固碳效果主要通过树木的光合作用来实现，树木通过光合作用吸收二氧化碳并转变为生长所需要的糖、氧气和有机物，作为生物最基本的物质及能量来源。

2. 能源消费调节

能源是能够为人类生产生活提供能量的重要资源基础，是经济发展的重要保障。当前世界各国正面临着能源的可持续开发利用问题和能源消费带来的生态环境问题。人类开发利用能源活动不仅会消耗自然界有限的能源还会造成周围环境质量的变化，能源消费排放的二氧化碳及其他温室气体会造成温室效应，二氧化碳浓度提高会导致全球气温升高、海平面上升，引发生态问题。因此需要通过人为干预的方式调节高碳化石能源的使用情况，提高能源使用效率，减少二氧化碳等温室气体的排放，最终实现碳减排。

能源消费可分为生活性消费和生产性消费，通过调节能源结构和提高能源利用效率可以降低碳排放强度。一方面，调节能源结构以实现能源结构低碳化是目前各国普遍采取的降碳措施。低碳化能源结构意味着在进行工业生产等活动时使用太阳能、风能等清洁能源来代替煤炭、石油等传统高碳能源，目前我国的能源结构正在稳步迈向清洁低碳化，为推进能源绿色低碳发展做出了巨大贡献。另一方面，提高能源利用效率的方式主要包括产业结构优化调整，工业、建筑等领域的节能提效以及制造业的技术进步。目前我国的产业结构已呈现"三、二、一"格局，但与发达国家相比，整体能耗相对较少的第三产业仍有提升的空间，可通过持续发展第三产业来实现低碳化、高质量的社会经济综合发展。在工业和建筑领域，可以通过制定低碳产品标准、执行低碳减排政策、鼓励使用节能环保材料等方式，摆脱碳锁定效应，实现不同领域间的低碳协同发展。技术进步是实现节能减排的先决条件，也是提高能源利用效率的关键所在。它从产品设计、工艺改进、产业内部结构调整等方面入手，挖掘生产过程中的节能潜力，转变能源消费模式，提高能源利用效率，减少碳排放。

4.2　减污降碳协同治理水平测度的模型构建与指标选取

基于上述减污降碳协同治理的复杂系统运行逻辑及污染物减排和碳减排的实现路径，利用复合系统协同度模型测度减污降碳协同治理水平，构建减污系统、降碳系统及减污降碳复合系统，并从资源流和能源流的角度选择代表性的系统指标，测度各系统的协同度指数，分别用于表示减污治理水平、降碳治理水平及减污降碳协同治理水平。

4.2.1　模型构建

本章提出的协同指的是在区域减污降碳复合系统中，减污系统和降碳系统在系统演化过程中实现和谐一致的过程，系统协同度可以用来度量这一和谐一致的程度（邬彩霞，2021）。据此，本章分别定义两个系统，减污系统 S_1 和降碳系统 S_2，减污降碳复合系统 $S = (S_1, S_2)$，减污系统又可分为资源投入子系统 S_3、生产供给子系统 S_4 和污染排放子系统 S_5，降碳系统又可分为生态碳汇子系统 S_6、能源消费子系统 S_7 和能源效率子系统 S_8。根据复杂系统科学理论中的自组织协同论，刻画系统有序化程度的指标被称为序参量，因此假设第 i 个系统的第 j 个序参量为 $e_{ij} = (e_{i1}, e_{i2}, \cdots, e_{in})$，

其中 n 为影响系统运行的序参量个数，$n \geqslant 1$，$\alpha_{ij} \leqslant e_{ij} \leqslant \beta_{ij}$（$j = 1, 2, \cdots, n$），$\beta_{ij}$ 和 α_{ij} 分别为序参量 e_{ij} 的上限和下限。序参量对系统的作用效果存在正向效果和负向效果两种，故可以把序参量分为正向指标和负向指标两类，其中，正向指标的作用效果为当指标值变大时，会促使系统有序程度提高；负向指标的作用效果为当指标值变大时，会促使系统有序程度降低。此外，为了解决分母为零导致有序度不可计算的问题，一般会在最值的基础上分别乘以系数 $1+a$ 或 $1-a$ 将序参量 e_{ij} 的区域放大，注意 a 的取值要合理，保证不改变原始数据的基本特征。

1. 指标有序度模型

用来度量有序程度大小的单位被称为有序度。根据协同理论的役使原理（邬彩霞，2021），本章定义的有序度 $\mu_i(e_{ij})$ 公式为

$$\mu_i(e_{ij}) = \begin{cases} \dfrac{e_{ij} - \alpha_{ij}}{\beta_{ij} - \alpha_{ij}}, & j \in (1, k) \\[3mm] \dfrac{\beta_{ij} - e_{ij}}{\beta_{ij} - \alpha_{ij}}, & j \in (k+1, n) \end{cases} \tag{4-1}$$

代入公式（4-1）即可得到不同时间段各系统的各个指标有序度值，e_{i1}，e_{i2}，$\cdots$，e_{ik} 为正向指标，e_{ik+1}，e_{ik+2}，$\cdots$，e_{in} 为负向指标，其中正向指标的有序度值代入 $\mu_i(e_{ij}) = (e_{ij} - \alpha_{ij})/(\beta_{ij} - \alpha_{ij})$ 计算得到，负向指标的有序度值代入 $\mu_i(e_{ij}) = (\beta_{ij} - e_{ij})/(\beta_{ij} - \alpha_{ij})$ 计算得到。

2. 系统有序度模型

通过集成整合各时间段、各指标的系统有序度 $\mu_i(e_{ij})$ 的值可以得到各时间段的系统有序度值，常用方法有几何平均法、线性加权求和法等，考虑所建立的复合系统结构，本章采用几何平均法进行计算，公式定义如下所示：

$$\mu_i(e_i) = \sqrt[n]{\prod_{j=1}^{n} \mu_i(e_{ij})} \tag{4-2}$$

其中，e_i 为序参量。

将某一时间段系统内 k 个指标的有序度值代入公式（4-2）即可得到这一时段所对应的系统有序度值。

3. 复合系统协同度模型

假设在初始时刻 t_0 时，子系统的有序度值为 $\mu_i^0(e_i)$（$i = 1, 2, \cdots, k$），

在 t_1 时刻，其有序度值为 $\mu_i^1(e_i)$（$i=1,2,\cdots,k$）。在计算复合系统协同度时不仅要考虑各个子系统的单独变动对复合系统的影响，还需要综合考虑各个子系统间的协同影响作用，即如果其中一个子系统的有序程度提高幅度较大，而其余子系统的有序程度提高幅度较小，则认为整个系统没有处于较好的协同状态（陶长琪等，2007）。因此本章选择使用几何平均法计算复合系统协同度，$t_0\sim t_1$ 时间段的复合系统协同度的公式如式（4-3）所示：

$$\mathrm{DWS} = \omega \sqrt[l]{\left|\prod_{m=1}^{l}\left[\mu_i^1(e_i) - \mu_i^0(e_i)\right]\right|} \qquad (4\text{-}3)$$

其中，m 为子系统的个数；$l=2$ 或 3，具体来说，对于减污降碳复合系统，$l=2$，对于减污系统或降碳系统，$l=3$。另外 $\omega = \prod_{j=1}^{n}\left[\mu_i^1(e_i) - \mu_i^0(e_i)\right]\Big/ \left|\prod_{j=1}^{n}\left[\mu_i^1(e_i) - \mu_i^0(e_i)\right]\right|$，用于判断子系统对复合系统协同度的作用方向，如果 $\prod_{j=1}^{n}\left[\mu_i^1(e_i) - \mu_i^0(e_i)\right]\Big/\left|\prod_{j=1}^{n}\left[\mu_i^1(e_i) - \mu_i^0(e_i)\right]\right| > 0, i \in (1,k)$ 成立，说明子系统呈现同方向发展的趋势，反之说明呈现反方向发展的趋势。复合系统协同度的取值范围为[-1, 1]，数值的大小表示了复合系统的整体协同度高低，参考邬彩霞（2021）的划分标准，复合系统协同水平划分情况如表 4-1 所示。

表 4-1 复合系统协同水平划分表

复合系统协同度	协同水平
[-1, -0.666)	高度不协同
[-0.666, -0.333)	中度不协同
[-0.333, 0)	轻度不协同
[0, 0.333)	轻度协同
[0.333, 0.666)	中度协同
[0.666, 1]	高度协同

4.2.2 指标选取

基于对污染物减排和碳减排路径的分析，从资源流和能源流角度分别选取减污系统和降碳系统具有代表性的指标（表 4-2）评估各个子系统的运作效果。

表 4-2　减污降碳复合系统指标体系

复合系统	系统	子系统	代表性指标	计量单位	指标类别
减污降碳复合系统	减污系统	资源投入子系统	土地利用强度		正向指标
			水资源消耗强度	万吨/亿元	负向指标
			矿产资源消耗强度	万吨/亿元	正向指标/负向指标
		生产供给子系统	重污染行业规模		负向指标
		污染排放子系统	废气排放量	万吨	负向指标
			废水排放量	万吨	负向指标
	降碳系统	生态碳汇子系统	森林覆盖率		正向指标
		能源消费子系统	生活性煤炭消费		负向指标
			生产性煤炭消费		负向指标
		能源效率子系统	能源强度	万吨标煤/亿元	负向指标
			碳排放强度	万吨/亿元	负向指标

1. 减污系统指标选取及处理

污染物减排路径通过调节自然资源投入和生产资源投入使用情况，最终使污染净排放减少。因此将模型中的污染物减排系统分解为资源投入、生产供给和污染排放三个子系统，分别选择具有代表性的指标构建完整的减污系统指标体系。

第一，资源投入子系统。选取可再生资源和不可再生资源的主要资源种类作为资源投入子系统的代表性指标，主要包括土地利用强度、水资源消耗强度和矿产资源消耗强度。其中，土地利用强度以城市建成区面积占比表示。水资源消耗强度以单位 GDP 人均用水量表示，其中 GDP 为以 2010 年为基年的不变价 GDP，这一指标客观反映了目前水资源的使用情况（Meng and Wu，2021）。矿产资源消耗强度选择单位 GDP 煤炭消费量、单位 GDP 石油消费量、单位 GDP 天然气消费量、单位 GDP 石灰石消费量、单位 GDP 铁矿石消费量、污染行业就业人员占全社会就业人员比重来衡量。不可再生资源是指经过长期地质时期所形成的各种矿产资源，其中包括各种化石燃料、非金属和金属矿物等。目前来看，煤炭、石油、天然气是学界公认的重要化石能源（Maggio and Cacciola，2012；Demirbas，2007），在有关非金属矿物和金属矿物的研究中，石灰石产区和铁矿石矿区经常作为典型案例被研究（Fu et al.，2020）。因此，综合我国目前矿产资源的拥有、使用情况和数据可得性，分别选取煤炭、石油、天然气作为化石燃料的代表性资源种类，选取石灰石作为非金属矿物的代表性资源种类，选取铁矿石作为金属矿物的代表性资源种类。根据物质流核算理论，经济生活中的物质投入量可以根据相应的物质输出量和效率进行比例换算。具体来说，煤炭、石油、天然气投入量为最终消费量；铁矿石投入最终输出为生铁，按 1 吨生铁需要 1.6 吨铁矿石的基本比例计算；石灰石投入最终输出为水泥，按 1 吨水泥需要 1.3 吨石灰石的基本比例计算。

第二，生产供给子系统。以重污染行业规模表示，王锋正和陈方圆（2018）研究发现重污染行业的生产规模越高，意味着生产中产生的污染物排放就越多，所以用污染行业的生产规模来表示生产供给过程中产生的污染，考虑数据的可获得性问题，选用污染行业就业人员占全社会就业人员比重进行表征。根据环境保护部①公布的《上市公司环境信息披露指南（征求意见稿）》明确列出了包括火电、钢铁、化工、石化、建材等在内的 16 个重污染行业，其中废水污染主要源自化工和石化，废气污染则集中于钢铁、火电和建材行业。结合国民经济行业分类（含调整版）中的行业指标，化工和石化行业以化学原料和化学制品制造业，以及石油、煤炭及其他燃料加工业表示，钢铁行业以黑色金属矿采选业、黑色金属冶炼和压延加工业表示，火电行业以电力、热力生产和供应业表示，建材行业以非金属矿采选业和非金属矿物制品业表示，分别计算各行业就业人员比重来表示行业规模。

第三，污染排放子系统。根据生态环境部等多部门在 2020 年 6 月 8 日公布的《第二次全国污染源普查公报》数据，在全国 358.32 万个各类污染源中工业污染仍为主要来源，为 247.74 万个，占比近七成，因此参考邓波等（2011）的做法，本章按照对工业污染常见的"三废"分类来衡量环境污染排放程度。"三废"具体指的是工业污染源产生的废水、废气和固体废弃物，此处考虑到目前固体废弃物已基本实现再利用，故不选择固体废弃物作为污染排放系统的代表性指标。综上，本章选择二氧化硫排放量、氮氧化物排放量、$PM_{2.5}$ 排放量来衡量废气排放现状，选择废水排放量来衡量废水排放现状。

2. 降碳系统指标选取及处理

碳排放调节主要从生态系统固碳和能源消费调节两方面实现，最终使能源效率提高、碳排放强度降低。据此将模型中的降碳系统分解为生态碳汇、能源消费和能源效率三个子系统，分别选择代表性的指标构建完整的

---

① 2018 年 3 月，环境保护部正式更名为生态环境部。

降碳系统指标体系。

第一，生态碳汇子系统。Thayamkottu 和 Joseph（2018）研究发现，扩大森林覆盖面积可以有效地缓解碳排放问题。综合考虑各类生态系统的固碳比例和数据可获得性问题，本章选用森林覆盖率作为代表性指标来衡量生态系统的固碳能力，以森林面积与土地总面积之比来表示。森林是地球上最大的碳库，它对降低二氧化碳的浓度和减缓全球变暖具有举足轻重的作用。

第二，能源消费子系统。考虑我国当前的能源消费结构，造成碳排放的主要能源消费仍为煤炭消费（邹才能等，2021）。因此可根据人类的生产生活活动情况，将子系统中的能源消费划分为生产性煤炭消费和生活性煤炭消费。生活性煤炭消费采用农、林、牧、渔业，水利、环境和公共设施管理业，建筑业，交通运输、仓储和邮政业，批发、零售业，住宿和餐饮业，生活消费（城镇、乡村）和其他终端用煤量占总能源消费量总量的比重来衡量。生产性煤炭消费采用工业用煤量占能源消费总量的比重来衡量。

第三，能源效率子系统。生产过程中的单位 GDP 产出能够使用更少的能源且排放更少的二氧化碳就表明能源效率和碳排放效率更高（王群伟等，2010；Shao and Xue，2022），能源效率或者说能源利用效率的提高能够提升碳排放效率。本书选取能源强度表征能源效率，选取碳排放强度表征碳排放效率，分别以单位 GDP 能源消费量和单位 GDP 二氧化碳排放量表示。

综上所述，构建如下减污降碳复合系统协同度评估指标体系（图 4-3）。

4.2.3　数据来源及处理

1. 数据来源

本章采用 2010～2021 年我国 30 个省区市（不包含西藏自治区和港澳台地区）的数据进行研究。首先，本章所用的绝大多数指标数据都来自权威可靠的年鉴或数据库。其中，生活性和生产性煤炭消费以及煤炭、石油、天然气消费量数据来自《中国能源统计年鉴》，土地利用强度、水资源消耗强度、矿产资源消耗强度以及重污染行业规模数据来自 EPS 数据库，其余数据均来自《中国统计年鉴》。其次，$PM_{2.5}$ 浓度数据和二氧化碳排放量数据通过二次计算获得。系统的 $PM_{2.5}$ 浓度测量在 2013 年才开始，导致缺乏历史数据，因此参考 Zhang 等（2020）的方法，利用柱状综合气溶胶可以转换为 $PM_{2.5}$ 的特性，基于卫星数据计算我国历年地表 $PM_{2.5}$ 浓度；2013 年后的省级 $PM_{2.5}$ 浓度数据来自美国大气成分分析组。二氧化碳排放量参

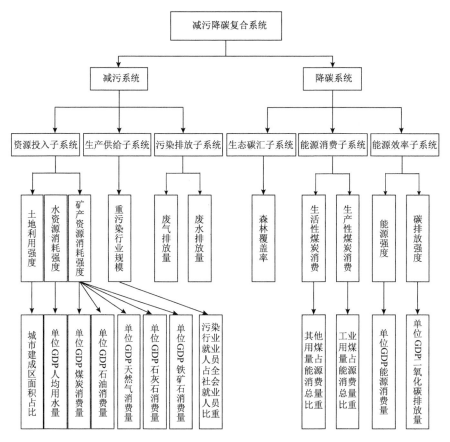

图4-3 减污降碳复合系统协同度评估指标体系

考相关做法，采用 IPCC 在"2006 IPCC Guidelines for National Greenhouse Gas Inventories"（《2006 年 IPCC 国家温室气体清单指南》）中介绍的估算固定源和移动源中化石燃料燃烧排放二氧化碳的三种方法的"方法1"，即二氧化碳排放量由燃烧的燃料数量和缺省排放因子来估算。最后，部分年份缺失数据问题通过插值法进行补齐。

2. 数据处理

利用上述的公式（4-1）、公式（4-2）、公式（4-3）即可计算得出减污系统、降碳系统以及减污降碳复合系统的协同度，具体步骤如下：第一，为每个变量指标的序参量分别设定上下限。为了消除分母为零造成的有序度为零的影响，必须用指数最值乘以一个系数来确定序参量的上下限，保证经处理后不影响指标数据的实际数值。根据我国改革开放以来 GDP 年平均增长速度，本章的系数处理方法为用最大值乘以 1.1 计算上限和最小值乘以 0.9 计算下限。第二，根据给定指标是否有利于减污或降碳，将各变量指标分为正向指标和负向指标两类，代入公式（4-1）中计算得到各指标有序度。第三，将各变量指标的有序度值代入公式（4-2）即可得到减污系统中的资源投入子系统、生产供给子系统、污染排放子系统和降碳系统中的生态碳汇子系统、能源消费子系统、能源效率子系统的有序度值。第四，利用公式（4-3）计算减污和降碳系统的复合系统协同度，从而进一步检验减污系统和降碳系统的内部协同情况。第五，为得到减污降碳复合系统的协同度，将所有指标划分为减污和降碳两个系统，重复第三步和第四步，即可得到其协同度值。

4.3　减污降碳协同治理水平的结果分析

分别以减污系统、降碳系统及减污降碳复合系统的协同度指数表示减污治理水平、降碳治理水平及减污降碳协同治理水平，本节从我国整体层面、省际层面及四大区域板块层面进行量化分析。

4.3.1　我国整体减污治理、降碳治理及减污降碳协同治理水平动态演变分析

表 4-3 和图 4-4 分别呈现了我国 2011～2021 年减污系统、降碳系统以及减污降碳复合系统的协同度和变化情况。总体而言，我国减污系统、降碳系统及减污降碳复合系统的协同度不断提升，均实现了从轻度不协同到中度协同的跨越，说明我国减污治理、降碳治理及减污降碳协同治理取得了不错的成效。从时间演变的结构特征看，2018 年是我国减污降碳协同治理的重要转折点，此后我国进入了中度协同治理的新阶段，而这一变化的内部原因在于降碳系统协同度得到迅速提高，助力了减污降碳协同治理。到 2021 年，减污系统、降碳系统及减污降碳复合系统协同度分别达到 0.457、0.436、0.501，并且有进一步提升的趋势。

表 4-3　2011～2021 年我国减污系统、降碳系统及减污降碳复合系统协同度

年份	减污系统协同度	降碳系统协同度	减污降碳复合系统协同度
2011	−0.103	0.014	−0.034
2012	−0.100	0.032	0.046
2013	0.138	−0.062	−0.031
2014	0.155	−0.053	0.068
2015	0.105	−0.060	0.109
2016	0.164	−0.040	0.208

续表

年份	减污系统协同度	降碳系统协同度	减污降碳复合系统协同度
2017	0.217	0.061	0.276
2018	0.327	0.350	0.389
2019	0.408	0.397	0.446
2020	0.426	0.410	0.461
2021	0.457	0.436	0.501

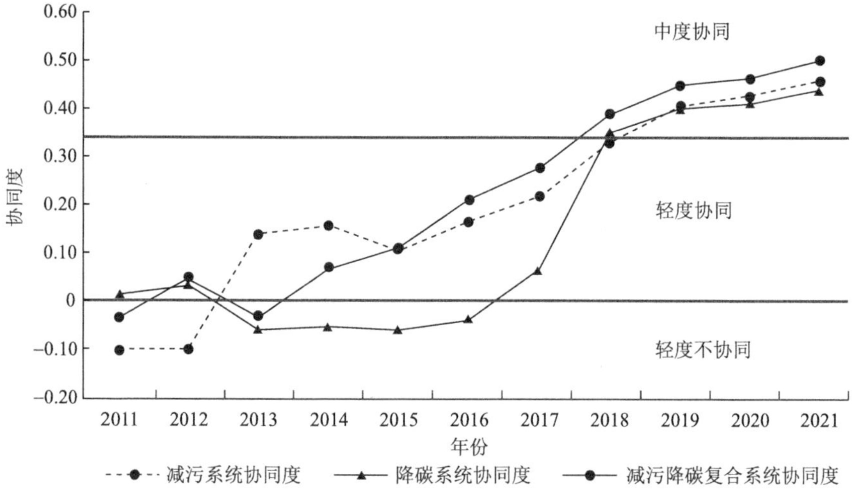

图 4-4　2011～2021 年我国减污系统、降碳系统及减污降碳
复合系统协同度变化情况

1. 我国整体减污治理水平的动态演变分析

样本期内，减污系统协同度大致经历了三个变化阶段：①平台期，2013年前减污系统协同度处于轻度不协同；②波动上升期，2013～2017 年减污系统协同度在波动中略有上升；③稳步上升期，2018～2021 年减污系统协同度持续稳步上升。

1973 年召开了第一次全国环境保护会议，此后中国正式开始了环境保护工作，并取得了显著成绩。2009 年到 2012 年，氨氮排放、二氧化硫排放、氮氧化物排放、化学需氧量相继达到峰值。烟粉尘到达峰值的时间较早，在 1988 年就随着经济发展的波动呈现下降趋势。PM_{10} 自 20 世纪 90年代以来呈现下降趋势（王勇等，2016）。因此可以认为，在 2012 年及之前，我国主要污染物排放已渐次达到峰值，由此 2011 年和 2012 年减污系统协同度出现了负值的情况。

随后，从 2013 年开始，我国陆续推出了一系列污染防治行动计划，当年 9 月，国务院印发了《大气污染防治行动计划》（简称"大气十条"）用以促进空气质量改善，2015 年 4 月，国务院印发了《水污染防治行动计划》（简称"水十条"）用以保障水生态环境安全，2016 年 5 月，国务院出台了《土壤污染防治行动计划》（简称"土十条"）用以防治土壤污染。"大气十条""水十条""土十条"的实施效果显著，2017 年 1 月至 11 月，全国 338 个地级及以上城市 PM_{10} 平均浓度比 2013 年同期下降 20.4%；2019 年，全国地表水国控断面水质优良（Ⅰ～Ⅲ类）、丧失使用功能（劣Ⅴ类）比例分别为 74.9%、3.4%，分别比 2015 年提高 8.9 个百分点、降低 6.3 个百分点（杨明等，2021）；2020 年底实现了受污染耕地安全利用率达到"土十条" 90% 左右的目标预期。因此，在 2013～2017 年减污系统处于轻度协同水平且协同度波度上升。

2018 年 6 月，在"大气十条"确定的目标如期实现的背景下，为进一步改善大气环境，国务院出台了《打赢蓝天保卫战三年行动计划》，2021 年环境空气质量持续改善，地级及以上城市空气质量优良天数比率为 87.5%，同比上升 0.5 个百分点。从研究结果也可以看到，2018 年减污系统协同度显著提高，且在 2018 年至 2021 年持续稳步上升。

2. 我国整体降碳治理水平的动态演变分析

与减污系统协同度变化情况相似，全国降碳系统协同度变化同样经历了三个阶段：①持续改善期，2013 年前轻度协同且呈上升趋势；②稳定调整期，2013～2016 年在轻度不协同中波动并趋于稳定；③快速上升期，2017～2021 年由轻度协同进入中度协同且大幅上升。我国二氧化碳排放主要来源于煤炭消耗，2000～2013 年，我国煤炭消耗从 13.6 亿吨上升到 42.4 亿吨，年平均增长率达 9.14%，且于 2013 年煤炭消费量达到了峰值（Qi et al.，2016），这一阶段为轻度不协同水平。2013～2016 年，尽管煤炭消费量在持续下降，但由于国家统计局在 2013 年对煤炭消费数据进行了修正，2013～2016 年呈现轻度不协同，但不协同程度整体上略有上升。在降碳政策方面，2013 年起我国在北京、上海、天津、广东、深圳、重庆、湖北七省市开展碳排放权交易试点，利用市场手段对企业的碳排放额度进行调配，随即取得了显著成效。根据国家发展和改革委员会的统计数据，截至 2017 年 11 月，七个碳排放权交易试点地区配额累计成交超过 2 亿吨，总成交额超过 46 亿元，除重庆外各试点的履约率均稳定在 95% 以上，全国碳强度比2016年下降了5.1%,相比2005年累计下降约46%。故在2013～2017年,降碳系统协同水平实现了从轻度不协同到轻度协同的跨越。2016年,我国积极推动达成了《巴黎协定》,进一步展示了应对气候变化的决心,极大程度上缓解了碳排放压力,协同度增长幅度进一步提高,协同度在2017年至2018年间快速达到中度协同水平。随后,《全国碳排放权交易市场建设方案(发电行业)》于2017年12月正式印发,标志着我国的碳市场规划设计基本完成。2018～2021年,全国碳排放权交易市场进入建设、模拟和完善阶段,碳市场发展逐步成熟稳定,与此同时降碳系统协同度稳步上升,2021年协同水平已达到0.436,我国降碳治理成效凸显。

3. 我国整体减污降碳协同治理水平的动态演变分析

减污降碳复合系统协同度的变化过程相对较简单,除2013年受降碳系统统计调整的震荡冲击突然变为轻度不协同外,其余年份均呈稳步上升趋势,2018年达到了中度协同水平,协同度为0.389。2011～2017年,复合系统协同度达到轻度协同或轻度不协同水平,但在剔除了2013年数据调整的影响后发现2011～2021年减污系统和降碳系统协同发展,相辅相成,推动了减污降碳复合系统协同水平持续提高,实现了从轻度不协同到中度协同水平的跃升,2021年的减污降碳复合系统协同度已达0.501。由此可见,当前我国减污降碳协同治理正处在中度协同水平,且参照当前的发展趋势,减污降碳协同治理水平有望走向高度协同。

4.3.2　区域层面减污降碳协同治理水平的时空演变分析

为进一步分析我国减污降碳协同治理的区域协同发展情况,从省际尺度及四大区域板块尺度对减污降碳复合系统协同度进行时空异质性分析。

1. 省际层面减污降碳协同治理水平的时空演变分析

图4-5对2021年我国30个省区市的减污降碳复合系统协同度进行了排名比较,从减污降碳复合系统协同度的数据来看,总体而言,2021年我国30个省区市减污降碳协同治理水平已经比较高,处在中度协同水平的省区市较多,总计有24个,且最高的复合系统协同度已到0.621 01。其中,北京、上海、湖北三地协同治理水平居我国30个省区市前三,内蒙古在我国30个省区市中排名垫底,依然处于轻度不协同水平,吉林、辽宁等5个省区仍处于轻度协同水平。

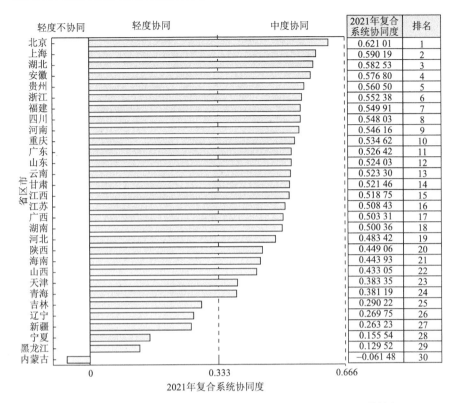

图 4-5 2021 年我国 30 个省区市减污降碳复合系统协同度及其排名

　　为了进一步分析省区市间减污降碳协同治理水平的动态变化，将 2011 年与 2021 年减污降碳复合系统协同度进行系统呈现，如图 4-6 所示。绝大多数省份实现了从轻度不协同走向轻度协同甚至中度协同，说明我国省区市间减污降碳协同治理水平总体呈现出快速提升的形势。其中，河北、山西、河南、湖北等 9 个省份实现了从轻度不协同到中度协同两个层级的跃升，北京、天津、上海等地实现了从轻度协同向中度协同的提高，北京成为协同治理水平最高的地区。但也应该注意到，内蒙古减污降碳协同治理水平呈现从轻度协同倒退至轻度不协同的趋势。

　　对样本起始年份及终止年份的分析可能掩盖了我国省区市减污降碳协同治理水平的内部变化，因此，根据样本时期跨度的两个五年规划期，选取 2011 年、2016 年和 2021 年三个关键时间节点，计算处于不同协同治理水平的省区市数并呈现当年平均协同治理水平。结果发现，在"十二五"及"十三五"期间，各地区协同治理水平有了明显的提高。具体来说，在"十二五"开局之年，各省区市的减污降碳协同治理水平集中在轻度不协同

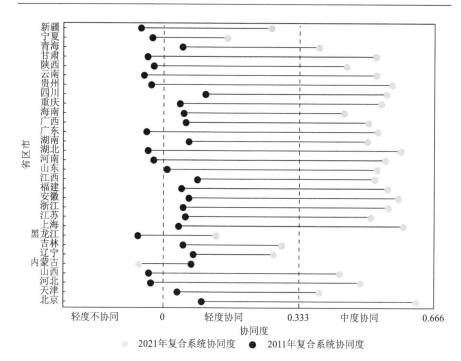

图 4-6 2011 年/2021 年我国 30 个省区市减污降碳复合系统协同度演变图

和轻度协同，总体处于轻度协同水平。"十二五"期间，为贯彻绿色发展理念和实现生态文明建设的目标，各地纷纷响应《国家环境保护"十二五"规划》，推进环境保护事业科学发展，环境保护工作取得了显著成效。到了"十三五"开局年，大多数省区市都已开始处于协同治理状态，轻中度协同的比例高达 90%，与 2011 年相比有明显提高。"十三五"时期，生态环境保护面临重要的战略机遇，国务院印发《"十三五"生态环境保护规划》，把生态文明建设摆在重要战略位置，各地政府纷纷响应中央号召，陆续出台了一系列环境治理、节能减排的政策，减污降碳协同治理水平持续提高，到了"十四五"开局之年中度协同省区市的比例高达 80%。

2. 四大区域板块减污降碳协同治理水平的时空演变分析

为了分析不同区域板块减污降碳协同治理水平的空间异质性，根据当前我国区域板块划分标准①，将我国 30 个省区市划分为东部、中部、西部和东北地区四大区域板块进行分析，四大区域板块年均减污降碳协同治理

① 根据国家统计局的东中西部和东北地区的划分标准，东部包括北京、天津、河北、上海、江苏、浙江、福建、山东、广东和海南；中部包括山西、安徽、江西、河南、湖北和湖南；西部包括内蒙古、广西、重庆、四川、贵州、云南、西藏、陕西、甘肃、青海、宁夏和新疆；东北包括辽宁、吉林和黑龙江。

水平的结果如图 4-7 所示。总体而言，东部、中部和西部地区减污降碳协同治理水平提升较快，均实现了从轻度协同到中度协同的快速发展，但东北地区长期居于轻度协同治理水平，且并未呈现向下一个协同治理水平提升的趋势。细看各个区域协同治理水平的发展，东部地区协同治理水平较高，中部地区紧随东部地区的脚步，协同治理水平稳步提升，甚至在 2020 年和 2021 年协同治理水平超过了东部地区，西部地区协同治理水平也从 2011 年的排名最末到 2021 年排名第三，且协同治理水平大大高于东北地区。各地区减污降碳协同治理水平发展各异的原因或可从以下几个方面解释：首先，东部地区协同治理水平高可能是因为该地区第三产业发展相对迅速，对高碳能源的依赖程度较低，此外东部和中部地区经济发展水平相对较高，相应的生产工艺水平、减排技术水平也较高，为环境污染物和二氧化碳的协同治理提供了良好的经济和技术基础。其次，经过多年的生态环境治理，中部和西部地区的环境治理工作取得了显著的成效。最后，作为重工业老区的东北地区，产业结构中第二产业的高占比意味着大规模且持续的化石能源使用，导致大气污染物和二氧化碳源源不断排放。且由于气候和地理位置的影响，东北地区需要燃烧大量的煤炭来进行冬季集中供暖。这些都给东北地区减污降碳协同治理带来了困难，导致其减污降碳复合系统协同度长期处在协同治理水平中的低档。

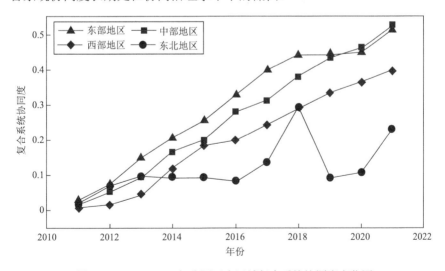

图 4-7　2011～2021 年我国四个区域复合系统协同度变化图

为进一步分析我国四大区域板块减污降碳协同治理水平的内部差异，选取 2011 年、2016 年和 2021 年复合系统协同度数据，结合箱状图进行刻画分析，结果如图 4-8 所示。总体而言，2011～2021 年，区域间减污降碳协同治理水平由初始发展水平基本一致变为发展差距不断扩大。具体而言，东部地区和西部地区协同治理水平不断提升的同时差距也在不断扩大，这种内部协同治理水平的差距制约了区域减污降碳协同治理水平的整体提升，这种制约作用在西部地区表现得尤为突出，导致了西部地区在"十三五"时期协同治理水平放缓。中部地区协同治理水平呈现出整体向上的发展态势，由于没有发展短板地区的制约，其表现出良好的发展势头，这也是中部地区协同治理水平在 2020 年和 2021 年能够超越东部地区的

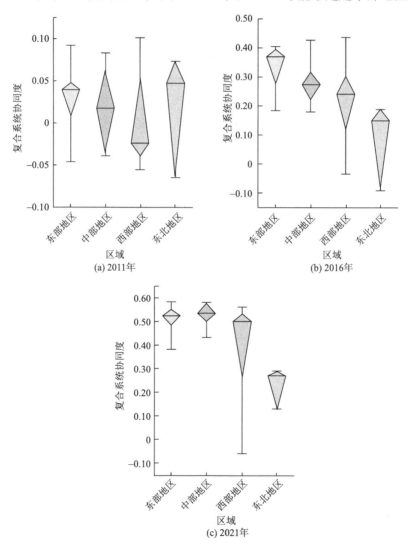

图 4-8　2011 年/2016 年/2021 年我国四大区域复合系统协同度内部差异演变图

原因（图 4-7）。东北地区减污降碳协同治理水平难以提升的主要原因在于协同治理"洼地"的约束，结合图 4-5，黑龙江协同治理水平提升较慢，正是由于"洼地"的存在。

综上所述，我国四大区域板块中有三大区域板块减污降碳协同治理水平提升的制约因素在于区域内部发展差异的扩大及个别协同治理"洼地"的存在，一方面，这些协同治理水平不高的地区应该不断通过产业结构调整、资源利用效率和能源利用效率提升来提高区域整体减污降碳协同治理水平。另一方面，由于经济增长压力下存在污染转移的可能性（沈坤荣和金刚，2018），我国减污降碳协同治理过程中可能会出现个别区域的不协同治理，最终又将制约全国及区域整体减污降碳协同治理水平，因此，中央政府和地方政府在减污降碳协同治理过程中应当进一步强化政策的协同性。

4.4　本 章 小 结

本章从资源流和能源流的角度，分别阐释减污、降碳以及减污降碳协同治理的路径，在此基础上测度减污系统、降碳系统及减污降碳复合系统的协同度，评估我国整体及地区间减污降碳协同治理水平。总体而言，2011～2021 年，我国减污降碳协同治理成效显著，但不同区域呈现出发展异质性。具体而言：①从全国整体层面来看，我国减污降碳复合系统协同度呈上升趋势，已实现从轻度不协同到中度协同水平的跨越，以此趋势发展有望在不久的将来达到高度协同水平，减污系统协同度从轻度不协同上升为中度协同，降碳系统协同度从轻度协同上升为中度协同。②从省际层面来看，约 1/3 的省区市实现了从轻度不协同向中度协同两个层级的跨越，但是内蒙古减污降碳协同治理水平呈现下降趋势。③从四大区域板块看，东部地区整体协同度较高，中部和西部地区紧随其后，东北地区有待进一步提高，四大区域板块中有三大区域减污降碳协同治理水平的提升受限于区域内部协同治理水平的差异扩大，减污降碳协同治理"洼地"导致了区域减污降碳协同治理后劲不足。以上实证结果说明，"十三五"期间，我国已经达到了减污降碳协同治理的中度协同水平。取得这一成果主要依靠的是提高资源利用效率和缩小重污染行业规模，实现产业领域的优化转型，深入打好蓝天保卫战；通过发挥生态系统碳汇作用和调节高碳能源使用情况，促进能源的清洁化和低碳化，助力实现"双碳"目标；利用二氧化碳和大气污染物的同根同源性以及相关源头治理手段的高度协同性的特点，逐步完成减污降碳目标，实现经济社会的可持续发展。但也应该警惕地区间污染转移等现象导致少数地区成为减污降碳协同治理的"洼地"，这将制约我国整体减污降碳协同治理的持续发展，这也应当成为"十四五"时期减污降碳协同增效战略的重点考量。

第5章 数字技术创新对减污降碳协同治理的影响效应

数字技术的应用能够显著降低经济成本，促进经济主体的交易活动，数字技术创新有利于引导资源、要素的合理化和高效化配置，提高资源配置效率。本章从理论上探讨数字技术创新与减污降碳协同治理的关系，构建双向固定效应模型验证数字技术创新对减污降碳协同治理的影响机制，并通过面板门槛模型揭示在地区绿色技术创新资源禀赋不同的影响下，数字技术创新对减污降碳协同治理作用效果的差异。

5.1 数字技术创新对减污降碳协同治理的影响机制及研究假设

在推进减污降碳协同治理的过程中，科技创新的支撑作用不可忽视，以节约能源资源和保护生态环境为目标的绿色技术创新是推进重点行业、重点区域减污降碳的首要支撑，是实现资源节约、能耗降低、提质增效等多重目标的重要手段，这一点已经形成广泛共识（Pu et al., 2022; Sun et al., 2019）。而与此同时，随着数字经济时代的到来，数字技术对区域创新发展的引领性作用日益彰显。数字技术创新是指人工智能、区块链、云计算、大数据、物联网、移动互联网等数字技术与实体经济深度融合，从而催生出新技术、新产品、新产业、新模式、新业态的过程（高敬峰和王彬，2020）。数字技术创新有助于提升生产组织运行效率并推动产业转型升级，可以帮助推进创新体系变革和全要素生产率提升。那么，数字技术创新是否能够像绿色技术创新一样对减污降碳协同治理产生影响呢？

目前，数字技术创新对减污降碳协同治理的影响在学术界鲜有被提到，更多的是讨论其与污染物或碳排放之间的单一关系，主要观点可以分为三类。第一类观点认为数字技术创新具有正外部性，对环境污染物的产生与排放具有抑制作用，数字技术创新能够优化生产过程、提高生产效率并降低能源消耗，同时可以应用于各种环境管理系统中来提升环境质量，以此来减少污染物排放和碳排放（Nisar et al.，2021；Ozcan and Apergis，2018；Wen et al.，2021），并且随着数字技术应用范围的逐渐扩散，可以有效减缓全球气候变暖的进程（Coroama et al.，2013；Erdmann and Hilty，2010；Moyer and Hughes，2012）。第二类观点持相反态度，认为数字技术创新将会加剧环境污染，同时增加二氧化碳的排放，不利于气候环境的可持续发展（Hilty et al.，2006；Salahuddin and Alam，2015）。一种可能的解释是数字技术创新能够显著加大对电力的需求，而能源消耗的上涨将通过反弹效应加剧环境污染，造成更多有毒有害的污染物产生并增加碳排放（Sadorsky，2012；Saidi et al.，2017；Salahuddin et al.，2016）。第三类观点则认为数字技术创新与环境污染或碳排放之间具有非线性的关系。有部分学者研究了数字技术创新是否遵循环境库兹涅茨曲线（environmental Kuznets curve，EKC）的发展原理，如 Haldar 和 Sethi（2022）发现环境库兹涅茨曲线假说同样适用于数字技术创新，并且对于一些新兴经济体来说，已经达到了环境库兹涅茨曲线的转折点。Higón 等（2017）对发达和发展中经济体样本进行研究，发现数字技术创新与碳排放之间的关系同样呈倒"U"形。

综上所述，越来越多的研究关注到了数字技术创新与污染物排放或碳排放之间的关系，但是从协同角度就数字技术创新对减污降碳协同治理的影响研究尚不多见。此外，绿色技术创新作为推动减污降碳协同治理的重要影响因素之一（Ullah et al.，2022），与数字技术创新共同构成了新时代背景下两大科技创新主线，可能为减污降碳协同治理提供更多样化或组合式的技术选择。那么，假如数字技术创新能够帮助实现减污降碳协同治理，地区的绿色技术创新禀赋与数字技术创新之间会产生怎样的影响？或者说，假如数字技术创新无法促进减污降碳协同治理，地区的绿色技术创新禀赋是否能够在一定程度上弥补数字技术创新的负面效应，这显然也是亟待深入探讨的问题。

5.1.1 数字技术创新对减污降碳协同治理的影响机制

推进减污降碳协同治理，需要强化源头防控，加快形成有利于减污降碳的生产体系和产业结构，加强技术优化，增强污染防治与气候治理的协调性。根据波特（Porter）假说的观点，创新可以提升企业的生产力，从而实现环境保护和经济发展的双赢局面（Porter and van der Linde，1995）。从技术属性层面来看，数字技术创新以大数据、区块链等技术为基础，是影响创新的重要部分（Cecere et al.，2014）。从这一角度出发，数字技术创新在一定程度上可能对污染物和碳排放具有抑制效应：第一，数字技术可以通过渗透效应广泛应用在传统生产活动中，能够紧密联结各生产环节并增强协同性（黄勃等，2023），从而提高资源能源利用效率，实现生产活动的高效化、绿色化（蔡跃洲和牛新星，2021）。第二，数字技术创新不仅可以推动传统产业智能化和绿色化改造（Ramirez Lopez et al.，2019），而且有利于邮电、通信等服务部门的发展，使得产业结构不断向低污染、知识密集型的第三产业转型。第三，远程通信、虚拟现实等数字技术可以降低非必要的社会活动频率，从而同时减少污染和能源消耗。第四，数字技术创新有效提升了企业智能化管理水平，能够实现智能监测生产排放并获取实时数据，发掘污染物和碳排放之间的隐藏关系，从而探究有助于构建减污降碳协同治理的生产模式（张三峰和魏下海，2019）。

与此同时应当注意，随着新兴信息通信技术的普及，数字资源存储计算和应用需求不断提升，数字处理设备的运营使用都需要消耗大量电力，这又加剧了能源短缺（Ishida，2015），而各类数字设备运行所需的能源是产生二氧化碳和污染物的重要原因[①]。此外，已有研究指出，数字技术创新在带动经济增长的同时，也增加了居民和生产者对资源的购买力，这种收入效应也会造成能源消费上涨（Takase and Murota，2004）。由此可见，数字技术创新的发展也可能会造成能源消耗的不断增长，从而对环境产生负面影响，这与减污降碳协同治理的观念背道而驰（Saidi et al.，2017）。由于抑制效应和回弹效应之间的反复演绎，数字技术创新对减污降碳协同治理的最终影响效应具有不确定性（图 5-1）。基于此，提出研究假说。

图 5-1　数字技术创新对减污降碳协同治理的影响机制

H5-1a：当数字技术创新的抑制效应大于等于回弹效应时，数字技术创

[①]　根据中国信息通信研究院及开放数据中心委员会测度，2021 年我国数据中心耗电量为 1100 亿千瓦时，同比增长 14.6%，占全国总用电量的 1.3%；二氧化碳排放量为 0.78 亿吨（当量），同比增长 16.4%，约占全国碳排放的 0.7%。

新将能够促进减污降碳协同治理。

H5-1b：当数字技术创新的回弹效应大于抑制效应时，数字技术创新将无法促进减污降碳协同治理。

5.1.2 绿色技术创新禀赋异质下的数字技术创新减污降碳协同治理效应

绿色技术创新是将技术创新与生态系统融合起来，包括绿色技术从源头研发到成果转移转化和最终市场化的全过程（Song and Wang，2017）。通过推进绿色技术研发，促进绿色技术的推广应用，有利于提高节水、节能、节材、节地效率和效益，能够实现经济发展与环境保护的双赢（李婉红和李娜，2023）。

绿色技术创新和数字技术创新共同构成平衡资源环境可持续发展和经济稳步前进的两大支点。数字经济蓬勃发展下数字技术创新势必会对资源环境产生影响，而绿色技术创新作为一种以环境保护为目标的创新类型，能够在平衡数字技术发展与生态环境保护之间起到一定的调和作用（Antonioli et al.，2018）。结合上述针对数字技术创新的影响机制分析，在推进实现减污降碳协同治理的过程中，综合考虑地区的绿色技术创新禀赋，将会有以下两种情况。

第一种情况：若数字技术创新有利于促进减污降碳协同治理，当地的绿色技术创新禀赋将会影响数字技术创新对减污降碳协同治理的促进效果。地区原有的绿色技术创新禀赋奠定了当地绿色化的生产条件，而数字技术可以借助其渗透性特征与产品设计、生产制造、使用、回收利用等环节进行深度融合并在绿色生产领域广泛应用，能够极大提升绿色工艺改造与节能环保设备的运行效率，提高企业绿色技术研发的经济和环境效益（汪晓文等，2023；Cecere et al.，2014）。因此，地区的绿色技术创新禀赋将会在一定程度上影响数字技术创新在减污降碳协同治理过程中发挥的作用效果，尤其是对于绿色技术创新资源禀赋较弱的地区，数字技术创新有利于高效构建数字化、智能化的低耗高产的绿色制造体系（Faucheux and Nicolaï，2011），从而放大数字技术创新的抑制效应，成为实现绿色生产和节能减排降碳增效过程中的有益补充（王海花等，2023）。基于此，在H5-1a 成立的基础上提出以下研究假设。

H5-2a：地区的绿色技术创新禀赋能够影响数字技术创新促进减污降碳协同治理的效果，当绿色技术创新禀赋较弱时，数字技术创新将成为实现减污降碳协同治理的有益补充。

第二种情况：若数字技术创新无法实现减污降碳协同治理，只有当地区的绿色技术创新资源禀赋达到一定水平时，才能在一定程度上弥补发展数字技术造成的回弹效应。由于数字技术快速发展，通信网络传输设备、数据中心服务器的电力消耗等都给环境带来压力（Moyer and Hughes，2012）。而绿色技术创新特有的"双重外部性"特征（Rennings，2000），能够通过发展清洁技术来抵消一部分数字技术应用和推广过程中造成的负面影响。但是当绿色技术创新禀赋较弱时，相关技术和成果转化应用不足，导致二者难以形成很好的共促效应，制约了对减污降碳的促进作用；只有当绿色技术创新的发展达到一定程度时，才能通过技术补偿来抵消数字技术创新的负面影响，从而在整体层面实现减污降碳协同治理。基于此，在H5-1b 成立的基础上提出以下研究假设。

H5-2b：当绿色技术创新水平达到一定程度时，能够弥补数字技术创新的回弹效应，从而有利于推动减污降碳协同治理。

综上所述，本章的研究假说思路如图 5-2 所示，实证分析部分将重点验证图中线条加粗的假说路径。

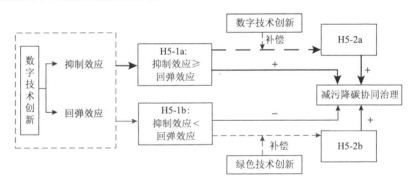

图 5-2　本章的研究假说思路

5.2　数字技术创新对减污降碳协同治理影响的研究模型设计

5.2.1　模型构建

为了验证上述研究假设，依次构建以下两个计量分析模型。

1. 双向固定效应模型

为了考察数字技术创新对减污降碳协同治理的影响，本章以数字技术创新作为核心解释变量,将减污降碳治理水平作为被解释变量,同时考虑样本省区市规模和发展水平的差异,加入个体和时间固定效应,并进一步控制影响减污降碳协同治理的其他因素。构建基准回归模型如公式(5-1)所示。

$$Y_{it} = \beta_0 + \beta_1 \mathrm{dpat}_{it} + \beta_2 X_{it} + \lambda_t + \mu_i + \varepsilon_{it} \qquad (5\text{-}1)$$

其中,dpat 为数字技术创新;下标 i 为各省区市;下标 t 为年份;Y_{it} 为 i 省区市在第 t 年的减污降碳协同治理水平;X 为其他所有控制变量;λ_t 为时间固定效应;μ_i 为不可观测的省区市个体固定效应;ε_{it} 为随机误差项;β_0 为常数项;β_1 和 β_2 都为待估系数。

2. 面板门槛模型

根据理论部分的描述,针对减污降碳协同治理的目标,在考虑绿色技术创新禀赋的影响下,数字技术创新作用于减污降碳协同治理的效果可能不同。鉴于此,本章采用面板门槛模型进一步探讨数字技术创新对减污降碳协同治理的影响在绿色技术创新水平的影响下是否存在阶段性差异。该方法通过特定门槛将模型划分为若干个区间,每个区间内的回归方程以不同的形式表示。参考 Hansen(1999)的做法,单门槛模型的数学表达式如下:

$$Y_{it} = \theta_0 + \theta_1 \mathrm{dpat}_{it} \times I(\mathrm{gpat}_{it} \leqslant \eta) + \theta_2 \mathrm{dpat}_{it} \times I(\mathrm{gpat}_{it} > \eta) + \theta_3 X_{it} + \varepsilon_{it} \qquad (5\text{-}2)$$

其中,gpat_{it} 为门槛变量,此处代表绿色技术创新水平;η 为门槛值;$I(\cdot)$ 为指令函数,当 $\mathrm{gpat}_{it} \leqslant \eta$ 时,$I = 1$,当 $\mathrm{gpat}_{it} > \eta$,$I = 0$,$\eta$ 为需要估计的阈值;θ_0 为常量;θ_1、θ_2、θ_3 为回归系数。双门槛和三门槛模型都可以此类比展开。

5.2.2 变量选择、数据来源及处理

1. 变量选择

1)被解释变量

被解释变量为减污降碳协同治理(poca),用各省区市减污降碳复合系统协同度表示,在第 4 章已经进行详细说明。

2)核心解释变量

本章的核心解释变量是数字技术创新(dpat)。数字技术创新是一种利用数字技术开发新产品、服务或解决方案的路径(Khin and Ho,2019)。在以往的研究中,部分学者认为数字技术创新能够提高能源强度,降低碳排放并缓解全球气候变暖(Erdmann and Hilty,2010)。而专利是技术创

新成果的重要表现形式之一，此处参考 Bielig（2022）的研究，用数字专利的数量来表示数字技术创新的发展水平，此处采用数字发明专利和实用新型专利的总申请量作为衡量指标。本章所涉及的数字专利主要包含区块链、人工智能、大数据、云计算、物联网和通信技术六大类（罗佳等，2023）。

3）门槛变量

绿色技术创新水平（gpat）是本章的门槛变量。绿色技术创新也是解决经济与环境冲突的有效手段，根据理论部分，数字技术在不同的绿色技术创新水平下对减污降碳协同治理的影响可能存在阶段性差异。参考 Hasan 和 Tucci（2010）的做法，用与环保相关的绿色专利数量表示绿色技术创新的发展程度，此处为了和解释变量的表达形式保持一致，采用绿色发明专利和实用新型专利总申请量作为衡量指标。

4）控制变量

减污降碳协同治理除了受数字技术创新的影响之外，还受到其他因素的影响。参考以往的文献，以经济发展水平、产业结构、环境规制强度、对外开放水平作为回归模型的控制变量。

第一，经济发展水平（pgdp）。区域的环境在很大程度上受到经济增长的影响，经济增长的过程中可能伴随着各类污染物和二氧化碳等非期望产出，但也为当地的环境治理、技术创新、节能项目的投资等提供了资金支持（Aluko and Obalade，2020）。本章采用人均 GDP 的形式表示经济发展水平（Wang et al.，2020a）。

第二，产业结构（str）。第二产业中有许多污染密集型行业，各类化石燃料的燃烧将会带来 NO_x、二氧化硫、$PM_{2.5}$ 等污染物，也会带来大量的二氧化碳排放，这将对环境造成破坏（Zheng et al.，2020），因此采用第二产业增加值占 GDP 比重来表示产业结构对减污降碳协同治理的影响。

第三，环境规制强度（er）。环境规制是缓解环境问题的重要工具和抓手（Thiel et al.，2016），适当的环境规制手段能够显著抑制环境污染，从而影响减污降碳的实现。本章参考张平等（2016）的做法，采用工业环境污染治理总额来衡量环境规制的强度。

第四，对外开放水平（open）。对外开放能够引入外商投资，而"污染避难所"假说则认为发达国家为了降低环保成本，往往将能源密集型的污染产业转移到环境规制标准较低的发展中国家，这将增加发展中国家工厂的燃料消耗、污染物与碳排放，给减污降碳带来压力，此处选择外商直接投资额作为衡量指标（Zugravu-Soilita，2017）。

2. 数据来源及处理

根据数据的有效性及可得性，本章选取 2011 年至 2021 年间我国 30 个省区市的平衡面板数据（不包含西藏自治区和港澳台地区数据）进行实证分析。首先，从智慧芽专利数据库中筛选每个地区在每年申请的区块链、人工智能、大数据、云计算、物联网和通信技术六大类数字专利及相关扩展领域的发明与实用新型专利，利用布尔逻辑语言编写了检索式，其中包含了 95 个关键词，最终将所有数据进行整理得到数字专利数据。

其次，绿色专利数据是利用世界知识产权组织（World Intellectual Property Organization，WIPO）在 2010 年公布的国际专利分类绿色清单，归整绿色专利分类号，并与国家知识产权局专利数据进行匹配，进一步加总到省级层面得到绿色专利申请量。其余的数据来源为《中国统计年鉴》《中国能源统计年鉴》《中国环境统计年鉴》及各省区市的统计年鉴。

最后，在被解释变量减污降碳系统治理水平的计算过程中包含的 $PM_{2.5}$ 原始数据源于美国大气成分分析组，部分资源消耗强度的数据源于 EPS 数据库。表 5-1 显示了每个变量的描述性统计，为了降低异方差的影响，将部分变量进行对数化处理。

表 5-1   变量的描述性统计

变量	观测值	均值	标准差	最小值	最大值
poca	330	0.239	0.1896	−0.140	0.628
dpat	330	0.320	0.7090	0.0005	4.882
gpat	330	0.393	0.5531	0.0003	3.227
pgdp	330	10.81	0.4458	9.6906	12.122
str	330	0.426	0.0875	0.1583	0.590
er	330	12.66	2.8173	6.1654	23.013
open	330	12.71	1.6689	5.7714	14.882
dspat	330	0.274	0.6474	0.0003	4.717

注：dspat 表示数字发明专利的授权量

5.3   数字技术创新对减污降碳协同治理
影响的实证结果分析

5.3.1   平稳性、协整和多重共线性检验

为了避免出现伪回归的问题，需要先对面板数据进行单位根检验，以

确保模型估计结果的有效性（张国兴等，2021）。本章采用了费雪式面板单位根检验（panel unit root test），每个变量的检验结果如表 5-2 所示。根据表 5-2，原水平序列不平稳，但经过一阶差分之后，所有变量均在 1% 的显著性水平下拒绝原假设，即不存在单位根，所有变量都是一阶单整。因此，可以进一步进行协整检验。协整检验的结果显示，修正型菲利普斯-佩隆检验的 t 值为 8.5999，菲利普斯-佩隆检验 P 的 t 值为−16.5018，增强型迪基-富勒检验的 t 值为−18.6503，在所有模型的三种不同统计量均在 1% 的显著性水平下拒绝无协整关系的原假设，即可认为变量之间存在长期均衡的稳定关系，能够进一步对模型进行实证回归（Pedroni，2004）。

表 5-2 各变量的单位根检验及协整检验结果

变量	原始数据	一阶差分后的数据
	Fisher	Fisher
poca	177.8096***	224.8420***
dpat	38.5117	142.1928***
pdgp	137.7423***	131.2002***
str	143.8707***	183.1132***
er	166.7362***	196.2293***
open	114.6950***	210.3955***

注：表中 Fisher 表示费雪式检验统计量

***代表 1% 的显著水平

为了避免多重共线性的影响，使用 VIF（variance inflation factor，方差膨胀因子）和容差（1/VIF）计算模型的多重共线性结果。结果发现，在回归模型里，每个变量的 VIF 值都在 5 以下，且 1/VIF 的值不小于 0.4，平均 VIF 为 1.39，这意味着模型不受多重共线性的困扰（Pedroni，2004）。

5.3.2 基准回归结果分析

在基准回归模型中利用固定效应面板模型进行估计，结果如表 5-3 所示。根据表 5-3 第（1）列的结果可以看出，对于核心解释变量而言，数字技术创新水平对减污降碳协同治理具有显著的促进作用，并且在依次加入各控制变量后，系数的大小发生了小幅度的变化，但是符号保持不变，体现了基准回归的稳健性。根据第（5）列的回归结果来看，dpat 的系数估计值为 0.032，并在 5% 的水平上通过了显著性检验，这说明数字技术创新水平每提升 1 个单位，减污降碳协同治理水平提升 0.032 个单位。可以认为，数字技术创新在减污降碳协同治理过程中发挥的抑制效应超过了回弹效应，有助于减污降碳协同治理。也就是说，互联网、通信等数字技术能够改善能源利用效率（Ishida，2015），从而对减少污染物和碳排放产生积极的影响（Moyer and Hughes，2012）。中国近年来大力开展碳减排的各类战略和行动，与此同时也能够兼顾污染物减排，令二者的发展能够保持齐头并进的趋势。此外，根据第（5）列的回归结果对比来看，无论是否加入控制变量，对于数字技术创新水平 dpat 的估计系数的影响差距较小，这说明数字技术创新水平 dpat 与其他控制变量之间不存在高度相关性，并且解释变量与被解释变量之间都具有独立性。综上所述，数字技术创新能够推动减污降碳协同治理，H5-1a 得到了证实。

表 5-3   数字技术创新对减污降碳协同治理的基准回归结果

变量	（1）	（2）	（3）	（4）	（5）
dpat	0.041**	0.047**	0.038**	0.038**	0.032**
	(2.30)	(2.65)	(2.26)	(2.25)	(2.12)
pgdp		0.220**	0.162	0.168	0.165*
		(2.52)	(1.49)	(1.54)	(1.84)
str			0.479	0.458	0.327
			(1.35)	(1.28)	(0.92)
er				0.012	0.012
				(1.53)	(1.49)
open					0.047**
					(2.64)
常数项	0.014	−2.282**	−1.909*	−2.101*	−2.592***
	(0.87)	(−2.51)	(−1.88)	(−2.04)	(−3.20)
年份固定效应	控制	控制	控制	控制	控制
省份固定效应	控制	控制	控制	控制	控制
N	330	330	330	330	330
R^2	0.778	0.789	0.792	0.794	0.812

注：括号内是 t 统计量
***、**、*分别代表 1%、5%、10%的显著水平

在控制变量中，在第（5）列全样本的背景下，经济发展水平 pgdp 和对外开放水平 open 对减污降碳协同治理水平的影响分别在 10%和 5%的水平上显著为正，这说明促进经济发展和提高对外开放水平能够显著推动减污降碳协同治理。由此可见，经济发展与实现减污降碳协同治理二者之间并不矛盾，一方面，经济的发展，可以促进绿色产业的壮大，通过引入环

保技术和可再生能源，能够优化生产过程并推动资源的有效利用，从而减少资源消耗和废弃物的产生；另一方面，由于经济水平的提升，公众对环境的保护意识和参与度不断增强，绿色低碳的生活方式也会减少对环境的负面影响（Raghutla and Chittedi，2020）。此外，根据回归结果来看，在对外开放的过程中，我国并没有成为"污染天堂"，相反，在与国际社会进行密切合作交流的过程中，我国不断汲取其他国家先进的生产技术和管理经验，推动产业结构升级，加快产业结构向绿色、低碳、循环经济转型，减少自然资源消耗和环境压力，从而有利于实现减污降碳协同治理（李力等，2016）。

5.3.3　面板门槛模型回归结果分析

根据前文的理论分析，在考虑地区绿色技术创新禀赋时，数字技术创新对减污降碳协同治理的影响效果可能会发生改变，即在不同的绿色创新水平下，数字技术创新对减污降碳协同治理的影响可能会发生跃迁，而不是传统意义上的线性变化，因此，为了验证该差异效应，引入面板门槛模型进一步进行实证检验。在估计面板门槛模型之前，基于 Hansen（1999）的方法进行面板门槛的存在性检验，将绿色技术创新水平作为门槛变量，数字技术创新水平作为解释变量，减污降碳协同治理水平作为被解释变量。根据表 5-4 展示的检验结果来看，回归模型通过了门槛显著性检验，在 5% 的水平上显著，存在单一门槛。通过单门槛模型的进一步检验，得到门槛值为 1.2114。

**表 5-4　绿色技术创新影响数字技术创新对减污降碳
协同治理效果的门槛效应检验**

门槛变量	被解释变量	门槛数	F 值	P 值	10%	5%	1%	门槛值估计值	95%置信区间
gpat	poca	单门槛	18.28	0.080	16.8382	22.5297	41.0242	1.2114	[1.0314，1.2702]
		双门槛	9.82	0.270	16.8943	23.5223	33.4043		

与表 5-4 相对应，图 5-3 是绿色技术创新水平门槛估计值 1.2114 的似然比（likelihood ratio，LR）函数图，其中似然比统计量最低点为对应的真实门槛值，虚线表示临界值为 7.35，由于临界值 7.35 明显高于门槛估计值，由此可以认为估计出的门槛值是真实有效的，具体的面板回归结果见表 5-5。

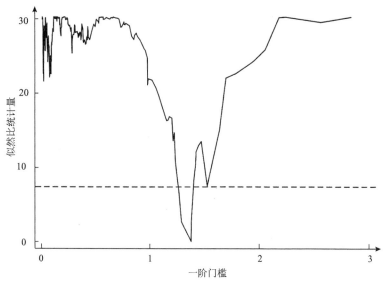

图 5-3 门槛变量的值域和置信区间

表 5-5 绿色技术创新影响数字技术创新对减污降碳协同治理效果的门槛估计结果

变量	poca	
	系数	t 统计量
dpat（gpat≤1.2114）	0.198***	（5.93）
dpat（gpat＞1.2114）	0.096***	（7.30）
pgdp	0.340***	（12.36）
str	−0.863***	（−6.80）
er	0.003	（1.56）
open	0.045***	（4.73）
常数项	−3.722***	（−10.82）
N	330	
R^2	0.722	

***代表 1%的显著水平

根据表 5-5，在不同绿色技术创新水平下，数字技术创新水平对减污降碳协同治理水平的影响存在差异。当绿色技术创新水平较低时（gpat≤1.2114），数字技术创新水平对减污降碳协同治理水平的回归系数为 0.198，当绿色技术创新水平较高时（gpat＞1.2114），回归系数为 0.096，均在 1%的水平下显著。由此可见，虽然数字技术创新水平在不同绿色技术创新水平禀赋条件下均能促进减污降碳协同治理水平的提升，但是所发挥作用的大小存在差异。原因在于，若地区的绿色生产工艺水平、绿色产品创新能力等都较薄弱，数字技术创新可以通过快速推广和发展与绿色技术融合，从而构建智能化、高效化的绿色生产体系，实现从数字技术创新赋能生产方式向低耗高产趋势的转变，数字技术创新成为这部分地区实现减污降碳协同治理的关键力量。而绿色技术创新资源禀赋优越的地区由于相关绿色生产技术、产品创新能力甚至是绿色消费理念等都较成熟，在推进减污降碳协同治理的过程中可能对现有绿色技术存在路径依赖，因此，数字技术创新对于实现减污降碳协同治理只是一种"锦上添花"的效果，所起到的作用也相对较小。综上所述，当地区绿色技术创新禀赋不足时，数字技术创新可以成为实现减污降碳协同治理的有益补充，H5-2a 得到了验证，这一结论也为不同创新资源禀赋的区域推进减污降碳协同治理提供了多元化的技术路径。

5.4　数字技术创新对减污降碳协同治理影响效应的稳健性检验

5.4.1　基于 GMM[①]方法的进一步检验

静态面板数据模型通常具有内生性，而本章主要考虑的内生性来源有两类：一类是源于解释变量和被解释变量之间的反向因果关系，另一类则是难以克服的遗漏变量的问题，这些问题可能会产生内生性，从而导致估计偏差（Zaman and Abd-el Moemen，2017）。因此，为了解决内生性问题，本章参考田国强和李双建（2020）的研究，在基准模型中引入被解释变量的一阶滞后项，构建动态面板数据计量模型进行稳健性检验。具体如下：

$$Y_{it} = \beta_0 + \rho Y_{it-1} + \beta_1 \mathrm{dpat}_{it} + \beta_2 X_{it} + \lambda_t + \mu_i + \varepsilon_{it} \qquad (5\text{-}3)$$

其中，Y_{it-1} 为被解释变量的一阶滞后项；ρ 为滞后项的估计系数，其值介于 0～1。本章采用 Blundell 和 Bond（1998）以及 Arellano 和 Bover（1995）提出的系统 GMM 方法进行回归，这种模型克服了差分 GMM 的弱工具变量的问题，并且能够同时估计水平方程和差分方程，可以利用更多的样本信息。回归结果如表 5-6 所示，在第（1）列的回归结果中，一阶自相关检验的 p 值均小于 0.1，二阶自相关检验的 p 值均大于 0.1，这表示扰动项差分存在一阶自相关，但是不存在二阶自相关，并且萨根（Sargan）检验的 p 值均大于 0.1，表示工具变量的选取是合理的，以上检验结果验证了模型设定的合理性。从回归系数来看，第（1）列中数字技术创新水平对

---

① GMM 的英文全称为 generalized method of moments，译为广义矩估计。

减污降碳系统协同治理水平的回归结果在 5%的水平上显著为正，表示数字技术创新水平对减污降碳协同治理水平提升具有促进作用，这与基准回归的结果基本保持一致，在一定程度上缓解了内生性问题，保证了结论的有效性。

表 5-6　数字技术创新对减污降碳系统协同治理的稳健性检验结果

变量	（1）	（2）	（3）	（4）	（5）
L.poca	0.547***				
	(3.72)				
dpat	0.008**		0.030**	0.032**	0.031**
	(2.41)		(2.09)	(2.16)	(2.09)
dspat		0.034**			
		(2.13)			
pgdp	0.030**	0.163*	0.148	0.159*	0.147
	(1.98)	(1.83)	(1.57)	(1.78)	(1.57)
str	−0.128	0.333	0.292	0.334	0.296
	(−1.43)	(0.94)	(0.90)	(0.95)	(0.92)
er	0.016	0.012	0.010	0.012	0.011
	(1.58)	(1.53)	(1.33)	(1.55)	(1.33)
open	0.004	0.047**	0.045**	0.047**	0.045**
	(1.64)	(2.63)	(2.64)	(2.65)	(2.67)
wind			−0.146		−0.140
			(−1.60)		(−1.47)
prec				0.032	0.011
				(1.01)	(0.34)
常数项	−0.321**	−2.581***	−1.313	−2.758***	−1.429
	(−2.26)	(−3.20)	(−1.00)	(−3.34)	(−1.02)
年份固定效应	控制	控制	控制	控制	控制
省份固定效应	控制	控制	控制	控制	控制
一阶自相关检验的 p 值	0.015				
二阶自相关检验的 p 值	0.511				
Sargan 检验的 p 值	0.152				
样本量	330	330	330	330	330
R^2		0.811	0.814	0.812	0.814

注：第（1）列的括号内是 Z 统计量，其他几列括号内均是 t 统计量，wind 表示空气流通系数，prec 表示年均降水量，L.表示滞后一期

***、**、*分别代表 1%、5%、10%的显著水平

5.4.2　替换核心解释变量

核心解释变量度量指标选择角度不同对被解释变量的影响也不同，为了减少由于度量指标选择所带来的偏误，此处将更换核心解释变量的衡量指标，以保证结论的稳健性。本章的核心解释变量数字技术创新水平的衡量指标是数字专利申请量，但也有学者在研究中表示，专利从申请到授权可能需要一年到两年的时间，采用已授权的专利数据也可以体现城市的创新能力（张凡等，2021），因此采用每年数字发明专利的授权量（dspat）来替代原有的核心解释变量。估计结果如表 5-6 的第（2）列所示，其中，数字发明专利的授权量对减污降碳协同治理的回归结果在 5%的水平上显著为正，这与基准回归的结论一致，验证了结论的可靠性。

5.4.3　增加遗漏变量

遗漏变量也是导致内生性问题的重要原因之一，尽可能全面地控制其他相关变量，是减少遗漏变量的重要手段之一。本章在考虑前文所有控制变量影响的基础上，又增加了两个潜在的遗漏变量，以缓解遗漏变量造成的内生性偏误。考虑到自然气候因素如风速、湿度都是影响污染物和二氧化碳形成、积累和扩散的重要原因之一（Leightner and Inoue，2008），这将影响各类污染物浓度与二氧化碳浓度的监测，从而影响到减污降碳协同治理数据的测度结果，因此，在此处增加空气流通系数（wind）和年均降水量（prec）作为控制变量（Sun et al.，2019）。空气流通系数的数据是来源于欧洲天气预报中心发布的 ERA-Interim 栅格气象数据，年均降水量数据来源于中国水利年鉴数据库。

表 5-6 的第（3）列、第（4）列是分别增加了两个潜在遗漏变量后的回归结果，在第（5）列中同时加入了两个遗漏变量。根据结果来看，空气流通系数和年均降水量对于减污降碳协同治理水平的影响并不显著，但是空气流通系数的估计系数符号为负，这说明随着空气流通的速度增加，可能会将邻近省区市甚至是邻近国家的空气污染物及二氧化碳扩散至本地，不利于减污降碳协同治理（Sun et al.，2019）。而从核心变量数字技术创新水平的回归结果来看，与基准回归的结果相比并没有太大的差距，并没有对本章的主要结论产生影响，体现了结论的稳健性。

5.5　本 章 小 结

本章采用双向固定效应模型验证了数字技术创新对减污降碳协同治

理的影响，采用面板门槛模型探究了不同地区绿色技术创新禀赋对数字技术创新推进减污降碳协同治理效果的影响差异。本章得到的主要结论如下：数字技术创新能够促进减污降碳协同治理，经过了一系列的稳健性检验后该结论依然成立。更具体地来说，数字技术创新发挥的抑制效应超过了回弹效应，说明数字技术创新在促进经济发展的同时也兼顾减污降碳的协同增效，是数字时代的潮流下协调经济增长与生态环境可持续发展的新兴力量。此外，在地区绿色技术创新资源禀赋的影响下，数字技术创新对减污降碳协同治理的促进效果存在单一门槛效应，当地区绿色技术创新禀赋不足时，数字技术创新能够帮助传统生产体系进行智能化、绿色化改造升级，从而在减污降碳协同治理过程中发挥更大的推动作用，成为实现减污降碳协同治理的有益补充。

第6章　数字产业化对减污降碳协同治理的影响效应

数字产业化是数字经济的基础部分。本章从理论上解析数字产业化对减污降碳协同治理的直接影响机制及异质性影响逻辑,运用静态和动态空间杜宾模型实证检验数字产业化对减污降碳协同治理水平的影响效应,细致考察数字产业化对减污降碳协同治理水平影响的空间溢出效应、时间累积效应、非线性影响效应、产业异质性效应、空间异质性效应,以及对减污治理和降碳治理的异质性影响结果进行深入探讨。

6.1　数字产业化对减污降碳协同治理的影响机制及研究假设

6.1.1　数字产业化对减污降碳协同治理的影响机制

数字产业化主要针对数字经济的核心产业,其具体表现为通过数字基础设施、数字技术应用与服务、数字化交易以及数字化媒体等方式推动数据要素参与经济活动并形成相关产业类型的过程(宋旭光等,2022)。作为推动经济高质量发展的新动力(Hannan et al.,2021;蔡跃洲等,2018;蔡跃洲和牛新星,2021),数字产业化具有基于数据整合实现交易成本降低和治理效率提升的优势,进而实现减污降碳协同治理的降本增效。一方面,数字产业化通过整合减污与降碳治理的相关数据,能够缓解交易过程中的信息不对称问题,以较低的交易成本收拢游离于传统要素与新兴要素之外的要素资源,利用大数据、云计算等数字技术应用与服务方式将其转化为有效供给,为企业提供统一的要素资源供给和减污降碳治理经验信息,有利于解决市场分割和信息壁垒导致的低效污染排放问题(侯世英和宋良荣,2021;钱立华等,2020;唐湘博和陈晓红,2017)。另一方面,数字产业化在减污降碳协同治理中能够发挥"减增量""压存量"优势。第一,数字基础设施、数字技术应用与服务、数字化交易以及数字化媒体等数字产业的迅速发展为居家办公、线上作业、线上交易等提供了新业态,有助于居民、企业等减少不必要的经济生产和生活活动，能够减少相关活动引致的污染物和碳排放（郭炳南等，2022；邓荣荣和张翱祥，2021）；第二，伴随着新经济业态和新经济模式的兴起，经济活动中资本流通周转速度的加快，使得经济增长速度也随之提升，而这一增速效应引致更低污染、更低碳的高质量发展；第三，数字产业化能够推广新技术，优化环境治理手段和能源消费结构（黄世忠，2022；陈晓红等，2021），培育新的经济增长点（陈诗一和许璐，2022）。此外，数字产业化能够通过信息化渠道加强减污降碳协同治理的宣传，提高市场主体参与减污降碳协同治理的积极性，有助于共建政府、企业、公众等多元参与的减污降碳协同治理体系。

据此提出 H6-1：在其他条件不变时，数字产业化能够提高减污降碳协同治理水平。

6.1.2　数字产业化对减污降碳协同治理影响的产业异质性

根据数字产业化的定义并结合第 3 章的测度框架，数字产业化可以细分为数字化基础设施、数字技术应用及服务、数字化交易和数字化媒体四个部分[①]。

第一，就数字化基础设施而言，一方面，数字化基础设施建设能够与电力、交通、工业制造等重污染排放行业实现深度融合，重新整合不同行业的能源资源配置并不断提高配置效率，提高减污降碳协同治理水平。例如，通过发展"绿色计算"项目不断提高生产生活中的节能降耗减碳水平，通过数字化基础设施建设显著降低农业面源污染及二氧化碳排放（Mcphail et al.，2014；Vandyck et al.，2018）。此外，数字化基础设施建设能够整合分析数据，提高工业制造智能化水平（王永钦和董雯，2020；李腾等，2021；宋旭光等，2022），从而减少不必要的环境污染及碳排放。但另一方面值得注意的是，数字化基础设施也可能不利于减污降碳协同治理。近年来，数据中心、5G 等产业快速发展，其能耗与碳排放问题越发凸显（Ding et al.，2022），具体表现在数字化基础设施建设会消耗大量的能源资源，数字化基础设施运行需要高强度的电力支持，这会造成环境污染和二氧化碳排放的增加，进而降低减污降碳协同治理水平；同时，数字化基础设施产业大

[①] 数字经济核心产业是指为数字化产业发展提供数字技术、产品、服务、基础设施和解决方案，以及完全依赖于数字技术、数据要素的各类经济活动，数字经济核心产业对应的 01～04 大类即数字产业化部分，主要包括计算机通信和其他电子设备制造业、电信广播电视和卫星传输服务、互联网和相关服务、软件和信息技术服务业等，是数字经济发展的基础，能够在较大程度上代表数字产业化情况。

规模应用可再生能源的程度仍显不足（Ding et al.，2022；Dong et al.，2022），亟须避免高碳基础设施投资带来的锁定效应以及资产搁浅风险（Xu et al.，2021），例如西部地区在承接"东数西算"工程形成的一次性耗材、算力运算过程的降温耗能等，可能造成部分地区能源紧张的局面，从而制约减污降碳协同治理。从数字化基础设施的两方面影响来看，其对减污降碳协同治理的影响存在很大的不确定性，而且由于其中涉及的能耗问题，数字化基础设施对减污治理和降碳治理的影响也可能存在差异。

第二，就数字技术应用及服务而言，一方面，依托数字经济背景下的虚拟现实、数据库、物联网等数字技术的支持，对数据产业的基础产品、技术与服务、交易媒介、媒体资源等进行重组，推动数据要素参与生产的高效配置，能够推动企业开展绿色生产，显著减少企业在生产过程中污染物的产生和碳排放（Vandyck et al.，2018；Xu and Lin，2016；Zheng et al.，2021；荆文君和孙宝文，2019；宋洋，2019；许宪春等，2019）。另一方面，数字技术应用及服务能够为政府监管环境污染与碳排放提供技术支持，技术溢出与污染治理合作有利于加强区域减污降碳的联防联控水平。首先，数字技术应用及服务通过大数据、云计算、遥感等对环境污染、二氧化碳排放进行实时动态监测（Hampton et al.，2013；Shin and Choi，2015；Mcphail et al.，2014；Vandyck et al.，2018；Wang et al.，2020b；Zheng et al.，2021），从而提高公众、政府等市场利益相关者对污染源和碳源的预警及感知能力，有助于提升减污降碳协同治理水平（解春艳等，2017）。其次，数字经济背景下，数字技术应用及服务通过对减污降碳协同治理过程中的高效技术干预、要素有效整合等为减污降碳协同治理的政策、决策提供数据支撑，而区域合作和连通能够进一步强化治理效果。最后，不同行业通过应用数字技术，提高与改善自身技术水平，达到协同减排的目的，Yu 等（2020）考察了经济增长与产业结构调整对减污降碳的影响，认为在减少污染排放的过程中，产业结构调整的作用远大于经济增长的作用。所以就数字技术应用及服务的影响过程来看，数字技术应用及服务能够提高减污降碳协同治理水平，但依赖于技术的应用熟练程度及效率水平。

第三，就数字化交易而言，通过将数字化交易融入数字产业、高新科技产业和现代服务业，能够有效实现生产成本内部化（邵立敏，2022；卢亚和，2021），抑制煤电、钢铁、建材等高耗能重化工业的产能扩张，降低环境污染及二氧化碳排放（Ma et al.，2012），进而提高减污降碳协同治理水平。同时，通过数字化交易能够提高工作效率（王宝顺和徐绮爽，2021），减少不必要的生产生活活动对环境污染及碳排放的影响，从而提高能效。所以从数字化交易的影响过程来看，数字化交易能够提高减污降碳协同治理水平，但与数字技术应用及服务的影响相似，其影响也可能受制于交易带来的规模效应影响。

第四，就数字化媒体而言，数字产业发展中数字媒介能够实现政府与社会之间的信息互通共享，为公众获取环境信息、形成环保意识、践行环保理念提供新的方式和契机（梁琦等，2021），从而既能够系统掌握环境污染与碳排放变化状况，深入了解环境污染治理与碳减排，也能够通过线上监督等方式创新政府与公众互动沟通机制，有利于公众对非合规的污染及碳排放行为进行及时反馈，促进减污降碳协同治理（Wang et al.，2020b；Yang et al.，2020；Vandyck et al.，2018；Xu and Lin，2016；荆文君和孙宝文，2019；宋洋，2019）。

据此提出 H6-2：不同数字化细分产业对减污降碳协同治理水平的影响各异，且对减污治理和降碳治理也存在不同影响。

6.1.3　数字产业化对减污降碳协同治理的影响的空间异质性

既有文献在不同区域数字产业化对减污降碳协同治理的影响方面研究缺位，但在区域数字产业发展的空间特征、原因探析以及未来趋势等方面著述颇丰，这为深层次分析区域数字产业化对减污降碳协同治理提供了分析视角。首先，中国数字产业化发展具有突出的区域集聚特征（黄群慧等，2019；赵滨元，2021），京津冀、长三角、珠三角成为中国数字产业化发展的核心区域，这主要源于发达地区的经济基础与产业基础，其中经济基础可以为数字经济核心产业的发展提供充分的人才、资金等资源保障，而产业基础在为数字化基础设施、数字技术应用及服务、数字化交易等运用到相关产业发展中提供了广阔的空间。基于此方面的分析，不同区域数字产业化对减污降碳协同治理的影响也将产生显著的差异性特征，这在部分文献中已初见端倪（Yu and Liu，2020；冯素玲和许德慧，2022）。其次，数字经济发展水平仍未打破"胡焕庸线"，西部地区得益于"东数西算"等国家政策，数字产业化具有跨越地理特征的趋势，因而数字产业化对区域减污降碳协同治理也将产生显著的动态地理差异特征。而随着数字基础设施的建设和普及，数字产业化将会进一步突破地理条件限制，逐渐改变中国现有减污降碳协同治理方式及空间布局。

据此提出 H6-3：数字产业化能够提高不同空间尺度的减污降碳协同治理水平，但影响效应在不同区域呈现差异性。

综合 H6-1、H6-2 和 H6-3，形成本章研究的影响机制框架，如图 6-1

所示。

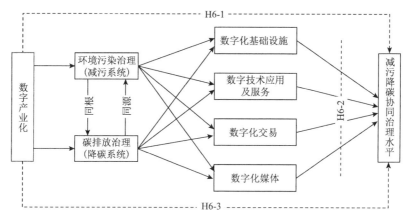

图 6-1　本章研究的影响机制框架

6.2　数字产业化对减污降碳协同治理影响的研究模型设计

6.2.1　模型构建

传统计量方法假定各地区之间是相互独立的,但计量方法的经典假设与现实相冲突（Peng et al.，2019）。数字产业化对地区间减污降碳协同治理的影响，能够通过示范效应改变邻近省区市减污降碳协同治理方式，这就可能使得各地区间减污降碳协同治理存在一定的空间相关性（Peng et al.，2019，2020a）。鉴于此，本章选用空间计量模型来实证检验数字产业化对区域减污降碳协同治理影响的变化关系。传统的空间计量模型[①]并不能够满足区域间减污降碳协同治理的动态变化，原因在于：第一，区域减污降碳协同治理的空间集聚是一个动态的过程（Wang et al.，2020a；Wu et al.，2021），不仅取决于当前数字产业化水平，而且与数字产业化最初形态的邮电基础性技术设施等因素相关，因而存在一定的路径依赖性。由于各省区市减污降碳协同面临不同的基础禀赋，这些异质性特征可能会对减污降碳协同治理水平产生影响，因此，为避免模型估计过程中存在的遗漏变量问题，需要进一步讨论数字产业化对减污降碳协同治理水平

---

① 一种为空间滞后模型（spatial lag model，SLM），主要用来考察变量在地区间的空间溢出效应；另一种为空间误差模型（spatial error model，SEM），主要用来考察邻近地区被解释变量的误差冲击项对本地区观测值的影响。然而，这两种模型并不能完全满足本章对于实证分析需求。

的不同影响效应。第二，研究表明，减污降碳协同治理水平的提升会对数字技术供给提出要求，推动数字技术相关的数字产业化发展水平的提高，所以数字产业化与减污降碳协同治理水平可能存在双向因果关系，这也会在一定程度上造成模型估计的偏差（Elhorst，2005，2014；Elhorst et al.，2012）。综上，本节参考 Elhorst（2005）的实证模型，在考虑剔除内生性的基础上运用动态空间面板计量模型①分析数字产业化对减污降碳协同治理的影响效应，其一般形式如公式（6-1）、公式（6-2）和公式（6-3）所示（Elhorst，2014）：

$$Y_{it} = \tau Y_{i,t-1} + \delta WY_{it} + \eta WY_{i,t-1} + X_{it}\beta_1 + WX_{it}\beta_2 \\ + X_{i,t-1}\beta_3 + WX_{i,t-1}\beta_4 + Z_t\theta + v_t \tag{6-1}$$

$$v_{it} = \gamma v_{i,t-1} + \rho Wv_{it} + \mu_i + \lambda_t l_N + \varepsilon_{it} \tag{6-2}$$

$$\varepsilon_{it} = \kappa W\varepsilon_{it} + \xi_{it} \tag{6-3}$$

其中，Y_{it} 为在样本期 $t(t=1,\cdots,T)$ 内每一个空间研究决策单元 $i(i=1,\cdots,N)$ 的 $N\times 1$ 阶因变量，在本章中为减污降碳协同治理水平及减污治理和降碳治理水平；X_{it} 为 $N\times K$ 阶外生解释变量；Z_t 为 $N\times L$ 阶内生解释变量；$t-1$ 为时间滞后期数；W 为 $N\times N$ 阶非负矩阵②；ε_{it} 为在解释变量之外仍未被模型解释的随机成分或残差；ξ_{it} 为纯粹的白噪声扰动，补充不可解释的随机性；标量 τ、δ 和 η 分别为时间滞后因变量 Y_{t-1}、空间滞后因变量 WY_{it} 及时间和空间的滞后因变量 $WY_{i,t-1}$ 的参数；β_1、β_2、β_3 和 β_4 分别为 $K\times 1$ 阶外生解释变量的参数；而 θ 为 $L\times 1$ 阶内生解释变量的参数；v 为模型的误差项；γ 为序列自相关系数；而 ρ 为空间自相关系数。

相比公式（6-2），在公式（6-1）中并没有包含空间和时间的共同滞后项 Wv_{it}（Elhorst，2005；Elhorst et al.，2012）。$N\times 1$ 阶向量 μ 包含了地区固定效应；λ 为时间固定效应；$N\times 1$ 阶向量 l 用于控制所有时间固定、单位不变的变量。此外，地区固定效应可以假设其具有空间自相关，其空间自相关系数为 κ。考虑到空间溢出效应的估计结果，Parent 和 LeSage（2008）通过偏导的形式检验空间溢出效应，重新设定公式（6-1）参数，结果如公式（6-4）所示：

---

① 动态空间面板计量模型不仅能够有效处理除被解释变量时间滞后项与空间滞后项以外的其他解释变量引发的内生性问题，而且能够显著降低空间自回归系数的有偏性，因而可以有效地弥补静态空间面板模型存在的缺陷。

② 0-1 邻接矩阵最为常见，参考张座铭等（2018）的方法选用最为常见的邻接矩阵作为基准权重参与动态空间杜宾模型回归。

$$Y_{it} = \alpha + \tau Y_{i,t-1} + \lambda WY_{it} + \eta WY_{i,t-1} + X_{it}\beta + WX_{it}\theta + \mu_i + \xi_{it} + \varepsilon_{it} \quad (6\text{-}4)$$

重新改写公式（6-4）为

$$Y_{it} = (I - \eta W)^{-1}(\tau I + \rho W)Y_{i,t-1} + (I - \eta W)^{-1}(X_{it}\beta + WX_{it}\theta) + R \quad (6\text{-}5)$$

其中，I 为单位矩阵；R 为截距和误差项的剩余项，涵盖 μ_i、ξ_{it} 和 ε_{it}。
由公式（6-5）可得 Y 的偏导矩阵如公式（6-6）所示。公式（6-6）表明动态空间计量模型的短期变化。类似地，长期效应可以定义如公式（6-7）所示。公式（6-6）和公式（6-7）中的直接效应为矩阵对角元素的平均值，而间接效应（indirect effect）则使用矩阵非对角元素的行加总或列加总的平均值表示，总效应（total effect）则为直接效应和间接效应的加总（Parent and LeSage，2008；Khan and Ozturk，2021）。

$$\left[\frac{\partial Y}{\partial X_{1k}},\cdots,\frac{\partial Y}{\partial X_{Nk}}\right]_t = (I_n - \eta W)^{-1}[\beta_k I + \theta_k W] \quad (6\text{-}6)$$

$$\left[\frac{\partial Y}{\partial X_{1k}},\cdots,\frac{\partial Y}{\partial X_{Nk}}\right]_t = \left[(1-\tau)I_n - (\eta + \rho)W\right]^{-1}[\beta_k I_n + \theta_k W] \quad (6\text{-}7)$$

其中，k 为待估参数数量。

此外，公式（6-6）和公式（6-7）表明如果 $\eta = 0$ 并且 $\theta_k = 0$，那么短期间接效应就不会发生；而如果 $\eta = -\rho$ 并且 $\theta_k = 0$，那么长期间接效应不会发生。

6.2.2 变量选择、数据来源及处理

1. 变量选择

被解释变量为减污降碳协同治理水平，选择依据同第 5 章。核心解释变量为数字产业化水平（digitaladdrate），用数字经济核心产业增加值占 GDP 的比重表征，同时，增加数字经济核心产业相关细分产业增加值占 GDP 的比重表示各细分数字产业化水平，将各细分数字产业化水平对减污降碳协同治理的影响展开进一步分析，具体包括数字化基础设施产业化水平（infrastructurerate），数字技术应用及服务产业化水平（technologyrate），数字化交易产业化水平（dealrate），数字化媒体产业化水平（mediarate），具体的统计测度过程参见第 3 章。控制变量的选取与第 5 章保持一致。

2. 数据来源及处理

本书数据时间跨度为 2011～2021 年。由于减污降碳协同治理水平变化不大，且核心解释变量为比值型数据，因此对部分指数变化型指标进行

对数处理。本章变量的描述性统计见表 6-1[①]。

表 6-1   变量的描述性统计

变量	变量缩写	观测值	均值	最小值	最大值
减污降碳协同治理水平	poca	330	0.25	−0.14	0.62
减污治理水平	po	330	0.48	−0.37	0.76
降碳治理水平	ca	330	0.54	−0.51	0.90
数字产业化水平	digitaladdrate	330	2 003.72	85.05	17 888.88
数字化基础设施产业化水平	infrastructurerate	330	785.86	2.42	10 689.98
数字技术应用及服务产业化水平	technologyrate	330	1 120.67	73.60	6 799.12
数字化交易产业化水平	dealrate	330	39.73	0.88	288.63
数字化媒体产业化水平	mediarate	330	57.46	1.56	305.84
经济发展水平	pgdp	330	10.81	9.69	12.12
产业结构	str	330	0.86	0.18	0.95
人口密度	pop	330	7.67	2.11	8.67
环境规制强度	er	330	11.89	8.74	14.16
对外开放水平	open	330	12.98	4.39	16.97

为确保计算结果的稳定可靠，在计量回归之前对主要指标进行面板单位根检验，结果如表 6-2 所示。结果表明核心变量与控制变量之间不存在单位根，因此无须对数据再进行额外处理。

表 6-2   面板单位根检验

变量	检验值	Homo	Hetero	SerDep
poca	$Z(\mu)$	27.795*** (6.638)	25.548*** (6.594)	9.414*** (43.883)
po	$Z(\mu)$	19.265*** (8.472)	20.080*** (7.306)	8.943*** (41.762)
ca	$Z(\mu)$	15.097*** (6.712)	15.404*** (6.106)	8.852*** (40.084)
digitaladdrate	$Z(\mu)$	14.316*** (3.944)	11.001*** (4.993)	9.021*** (43.015)
pgdp	$Z(\mu)$	23.500*** (4.569)	22.640*** (4.255)	9.310*** (46.046)
str	$Z(\mu)$	5.142*** (4.385)	5.164*** (4.444)	9.350*** (40.049)
pop	$Z(\mu)$	3.801*** (7.062)	2.706** (4.380)	9.239*** (40.095)
er	$Z(\mu)$	5.338*** (6.392)	4.795*** (5.700)	8.736*** (41.656)
open	$Z(\mu)$	6.359*** (7.705)	8.212*** (5.917)	9.007*** (42.742)

注：$Z(\mu)$ 为在假设误差项均值相同的条件下计算的统计量；Homo 为跨单元的同方差干扰；Hetero 为跨单元的异方差干扰；SerDep 为控制误差中的序列依赖性[lag trunc（单位根检验中的滞后阶数截断值）= 8]；括号中为 Z 统计量

***代表 1%的显著水平

① 限于篇幅，相应指标的相关性系数未做报告。被解释变量、解释变量以及主要控制变量之间的相关性系数均低于 0.85，说明不存在严重的多重共线性问题，符合模型计算要求（Peng et al.，2019）。相关关系是一种非确定性的关系，仅能给出变量之间关系的密切程度。变量间确定性的函数关系，还待后文进一步研究。感兴趣的读者可向作者索要。

6.2.3 特征事实分析

本章通过邬彩霞（2021）的协同度方法，利用各省区市污染物及二氧化碳排放数据，构建区域减污降碳协同度模型，在此基础上分解区域减污降碳协同度，形成减污系统和降碳系统有序度。同时，采用许宪春和张美慧（2020）、王永钦和董雯（2020）的方法，测度地区层面数字产业化水平。由此刻画数字产业化与减污降碳协同治理的相关关系散点图，结果如图 6-2 所示。从图 6-2 中可以发现，数字产业化和减污降碳协同治理呈现显著倒"U"形的作用关系，这表明区域减污降碳协同治理会先呈现随着数字产业化水平的上升而上升，随后再下降的变化趋势，初步表明数字产业化对减污降碳协同治理可能存在倒"U"形的影响。从图 6-2 中的减污系统和降碳系统的拟合曲线可以初步判断，区域减污降碳协同治理水平随着数字产业化呈现先上升后缓慢下降的变化趋势，但对于处在不同系统的减污、降碳的影响可能存在差异，对于处在不同子系统的减污、降碳的影响同样也可能存在差异。

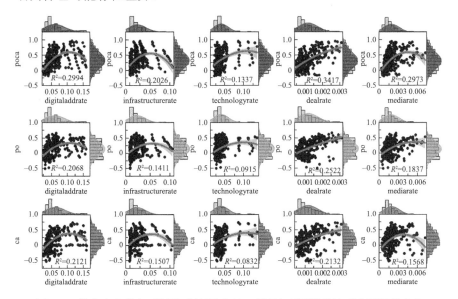

图 6-2　数字产业化与减污降碳协同治理、减污治理及降碳治理水平的散点和二次项拟合结果

图中柱状图代表变量的分布情况

图中阴影为 95%置信区间，R^2 代表拟合系数，曲线为二次项拟合结果

6.3　数字产业化对减污降碳协同治理影响的实证结果分析

6.3.1　基准回归结果

由于数字产业的发展存在技术溢出和区域竞争，而减污降碳协同治理也会在区域层面上形成"逐底竞争"或者"竞相向上"的竞争态势，因此数字产业化对减污降碳协同治理的影响可能存在溢出效应，需要利用空间面板计量模型分析数字产业化对减污降碳协同治理的空间溢出作用。空间面板计量模型的首要工作就是对被解释变量及解释变量进行空间相关性检验，空间相关性检验通过才能进一步进行空间模型分析，如果没有通过则不能。本章同时区分了空间面板计量模型的静态效应和动态效应，并在空间自相关检验基础上进一步增加了空间收敛性检验，具体内容如下。

1. 空间检验

第一，Moran's I 检验。图 6-3 给出了 2011～2021 年中国各地区减污降碳协同治理水平、数字产业化水平及其主要细分产业的 Moran's I 指数。从图 6-4 可以看出，样本期内中国各地区部分年份的减污降碳协同治理水平及数字产业化水平呈现出显著的空间自相关性，且部分年份的数字产业主要细分产业也呈现空间自相关性。这表明各地区减污降碳协同治理水平及数字产业化水平均会受到邻近地区示范效应的影响，从而表现出明显的地区集聚性。

第二，空间收敛性检验。从图 6-4（空间 σ 收敛）和表 6-3 可知，减污降碳协同治理水平变异系数整体波动下降，说明中国各省区市减污降碳协同治理水平整体呈现明显的空间 σ 收敛，减污降碳协同治理水平对邻近地区的影响较大。同时，数字产业化水平变异系数表现出整体波动下降，

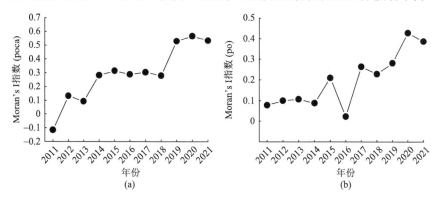

(a)　　　　　　　　　　　　　　(b)

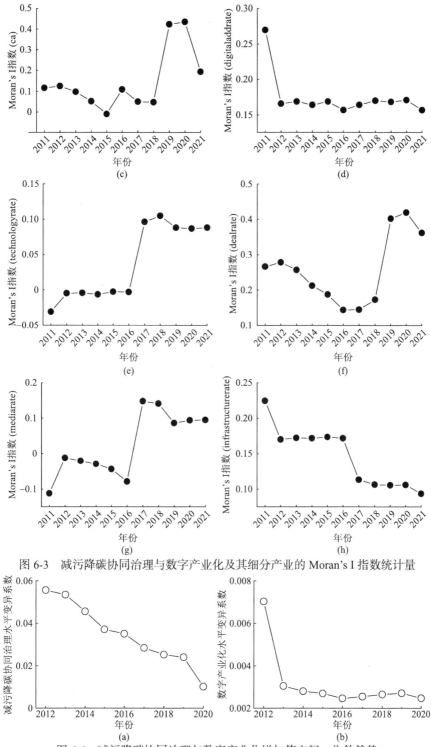

图 6-3 减污降碳协同治理与数字产业化及其细分产业的 Moran's I 指数统计量

图 6-4 减污降碳协同治理与数字产业化增加值空间 σ 收敛趋势

表 6-3　减污降碳协同治理与数字产业化水平空间收敛结果

变量	空间误差模型 主效应	空间误差模型 空间效应	空间误差模型 方差	空间自回归模型 主效应	空间自回归模型 空间效应	空间自回归模型 方差	SDM 主效应	SDM 空间溢出项	SDM 空间效应	SDM 方差	SLM 主效应	SLM 空间效应	SLM 方差
digitaladdrate	-0.553 (-0.696)			0.381 (-0.64)			-0.336 (-0.68)	4.216*** (-1.228)			-0.649 (-0.691)		
λ		0.857*** (-0.021 6)										0.820*** (-0.033)	
σ_e^2			0.005 24*** (-0.000 423)			0.005 12*** (-0.000 411)				0.004 73*** (-0.000 379)			0.005 11*** (-0.000 422)
ρ					0.673*** (-0.040 8)				0.612*** (-0.045 9)				
控制变量	控制	控制		控制	控制		控制	控制	控制		控制	控制	
样本量	330	330	330	330	330	330	330	330	330	330	330	330	330
R^2	0.14	0.14		0.489	0.489		0.547	0.547	0.547		0.2	0.2	

注：为保持平稳面板数据，对生成滞后期的面板数据删除空缺值，样本期为 2011～2021 年。由于样本滞后一期，因而观测值等于 330。括号内为标准误差，空间自回归模型的英文全称为 spatial autoregressive model，简称 SAR；λ 表示空间误差系数；σ_e^2 表示误差项的平方；ρ 表示空间滞后系数

***代表 1%的显著水平

说明数字产业化水平具有明显的空间 σ 收敛趋势。因此，后续空间计量模型的实证分析需要进一步讨论静态和动态效应。

2. 基准回归结果分析

以减污降碳协同治理水平作为被解释变量，加入核心解释变量数字产业化水平及相关控制变量进行豪斯曼检验，检验结果均显著拒绝了原假设，所以下文实证模型选用空间杜宾模型，结果如表 6-4 列（5）～列（7）所示。由全局空间相关性分析可知（图 6-3），减污降碳协同治理水平及数字产业化水平均存在空间自相关，因此，需要采用空间计量固定效应模型进行实证分析。使用经典的拉格朗日乘数检验和改进的稳健拉格朗日乘数检验进行模型选择（Elhorst et al.，2012），结果如表 6-4 所示。表 6-4 列出了空间自回归模型、SEM、SAC（spatial autoregressive combined model，空间自回归联合模型）、GSPRE（generalized spatial pannel random effect，广义空间面板随机效应）模型以及 SDM 的估计结果。拉格朗日乘子滞后检验和拉格朗日乘子误差检验显示，空间自回归模型、SAC、SEM、GSPRE 模型均拒绝了没有空间滞后项的原假设和没有空间自相关误差项的原假设。Robust（稳健）拉格朗日乘子滞后检验和 Robust 拉格朗日乘子误差检验的结果表明空间自回归模型、SAC、SEM、GSPRE 模型均通过显著性检验（5%）。依据 Elhorst 等（2012）对空间计量模型的选择步骤[①]，本节的检验使用 SDM 最为合适。故本章使用 SDM 估算数字产业化对减污降碳协同治理的影响，计量估计方法为极大似然估计。

表 6-4 报告了数字产业化水平对区域减污降碳协同治理水平影响的基准回归结果，结果显示：在 SDM 中数字产业化水平的回归系数为负，即数字产业化水平不利于区域间减污降碳协同治理水平的提升，但直接效应影响估计结果不显著，这就说明基准回归结果中 SDM 固定效应估计可能存在偏差，导致无法验证 H6-1；从空间溢出估计结果（对应表 6-4 的 ρ）来看，数字产业化水平的回归系数为正，即数字产业化有利于提升邻近省区市减污降碳协同治理水平，这与 H6-1 的观点不一致。此外，考虑到一些非观测地区层面的因素可能会对区域间减污降碳协同治理水平造成影响，本章在后续研究中会控制地区和时间效应。

---

① 如果基于 Robust 拉格朗日乘子检验（LM）拒绝了非空间模型而支持 SEM 或 GSPRE 模型，则建议使用 SDM。Wald（沃尔德）统计量空间滞后系数检验和似然比空间滞后系数检验拒绝了 SDM 转化为空间自回归模型的原假设；同时，Wald 空间误差和 LR 空间误差检验说明也必须拒绝 SDM 简化为 SAC 模型的原假设，因此要使用 SDM。使用空间豪斯曼检验在随机效应和固定效应之间进行选择，估计值拒绝随机效应模型，使用空间和时间固定效应模型。

表 6-4 数字产业化水平对减污降碳协同治理水平影响的基准回归结果汇总

变量		(1) 空间自回归模型	(2) SEM	(3) SAC	(4) GSPRE 模型	(5) SDM	(6) SDM	(7) SDM
		poca	poca	poca	poca	poca	po	ca
digitaladdrate		1.194	-0.553	1.068**	0.801	-0.354	0.244	-3.051**
		(1.94)	(-0.80)	(2.68)	(1.78)	(-0.51)	(0.36)	(-2.73)
常数项					0.199***			
					(4.02)			
空间相关性	ρ	0.847***		0.944***		0.796***	0.782***	0.740***
		(37.25)		(77.66)		(28.25)	(26.75)	(20.82)
	λ		0.857***	-0.741***	0.853***			
			(39.62)	(-8.33)	(36.90)			
	φ				0.470			
					(1.73)			
方差	σ_e^2	0.005 24***	0.005 24***	0.003 94***		0.005 11***	0.005 01***	0.013 5***
		(12.39)	(12.39)	(12.34)		(12.40)	(12.41)	(12.37)
	σ_μ				0.076 9***			
					(6.61)			

续表

变量	(1) 空间自回归模型	(2) SEM	(3) SAC	(4) GSPRE 模型	(5) SDM	(6) SDM	(7) SDM
	poca	poca	poca	poca	poca	po	ca
方差 σ_e				0.076 5***			
				(23.47)			
$W\times$digitaladdrate					7.478**	5.433*	5.416
					(2.80)	(2.15)	(1.36)
$W\times$digitaladdrate^2					−16.20	−22.96	21.16
					(−0.93)	(−1.35)	(0.78)
					(−0.85)	(−1.33)	(0.88)
样本量	330	330	330	330	330	330	330

注: 括号内为 t 值; 极大似然估计检验 (假设 SDM 优于空间自回归模型), LR chi^2 (1) =53.99 (Prob=0.00); 极大似然估计检验 (假设 SDM 优于 SEM), LR chi^2 (1) =60.09 (Prob=0.00); 极大似然估计检验 (假设 SDM 优于 SAC 模型), LR chi^2 (1) =7.12 (Prob=0.00); 极大似然估计检验 (假设模型优于 GSPRE 模型), LR chi^2 (1) =162.91 (Prob=0.00)。面板回归结果的豪斯曼检验等于 77.10, 拒绝面板随机效应假设, 空间计量结果的豪斯曼检验接受固定模型接受固定效应假设 (24.47), SDM 接受固定效应假设 (30.6), SEM 接受固定效应假设 (11.92); φ 表示个体随机效应空间自回归系数; σ_μ 表示个体随机效应方差; W 表示空间滞后项

***、**、* 分别代表 1%、5%、10%的显著水平

3. 非线性效应分析

根据林伟鹏和冯保艺（2022）的研究结果[①]，表 6-4 中数字产业化水平对减污降碳协同治理水平的不显著影响可能是数字产业化水平对减污降碳协同治理水平的影响存在非线性（倒"U"形）效应，为验证数字产业化水平对减污降碳协同治理水平可能存在的非线性影响，在 SDM 基础上加入数字产业化水平二次项（digitaladdrate^2），以此估计数字产业化水平对减污降碳协同治理水平可能存在的非线性影响效应，结果如表 6-5 和图 6-5 所示。表 6-5 报告了采用基准模型进行估计的结果，其中回归结果列（2）是本章需要着重解释的结果。可以看出，数字产业化水平一次项系数显著为正，二次项系数显著为负，即数字产业化水平与减污降碳协同治理水平呈倒"U"形的关系。初期数字产业化会显著提升区域间减污降碳协同治理水平，实现数字经济发展与减污降碳的双赢；而随着区域数字产业化水平逐渐提高，一旦越过拐点（0.10），数字产业化对减污降碳协同治理的正向助推效应低于数字产业化对减污降碳协同治理影响过程中的负向效应。因此，数字产业化会对区域间减污降碳协同治理存在非线性影响，其他控制变量也大多显著且符号基本符合预期。

表 6-5　数字产业化水平对减污降碳协同治理水平的非线性效应估计

变量	（1）空间自回归模型	（2）SDM	（3）SEM	（4）SAC	（5）GSPRE模型
digitaladdrate	8.180***	5.530**	4.793**	4.839***	6.338***
	(4.94)	(3.07)	(2.73)	(3.90)	(3.87)
digitaladdrate^2	−46.51***	−37.19***	−33.50***	−26.16**	−30.79***
	(−4.56)	(−3.53)	(−3.31)	(−3.28)	(−3.48)
W×digitaladdrate		4.991			
		(1.83)			
W×digitaladdrate^2		−4.980			
		(−0.28)			
常数项					0.004 47
					(0.07)
空间相关性					
ρ	0.818***	0.784***		0.925***	
	(33.35)	(27.50)		(59.33)	

[①] 具体参见林伟鹏和冯保艺（2022）的研究：在临界点之前，前因变量与结果变量可能呈正相关关系；在临界点附近，前因变量与结果变量相关关系不显著；在临界点之后，前因变量与结果变量呈负相关关系。

续表

变量	（1）空间自回归模型	（2）SDM	（3）SEM	（4）SAC	（5）GSPRE模型
λ			0.852^{***}	-0.684^{***}	0.847^{***}
			(38.19)	(-7.26)	(35.04)
φ					0.115
					(0.22)
σ_e^2	$0.005\,05^{***}$	$0.004\,96^{***}$	$0.005\,10^{***}$	$0.004\,00^{***}$	
	(12.44)	(12.43)	(12.39)	(12.26)	
σ_μ					$0.066\,6^{***}$
					(5.02)
σ_e					$0.076\,1^{***}$
					(23.23)
控制变量	控制	控制	控制	控制	控制
样本量	330	330	330	330	330

注：括号内为 t 值

***、**分别代表 1%、5%的显著水平

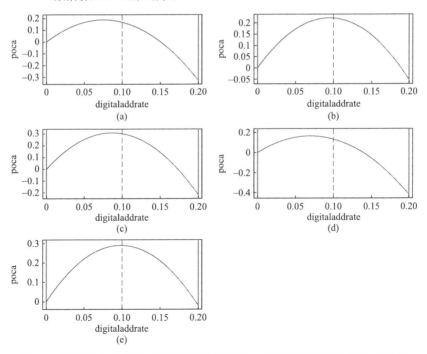

图 6-5　数字产业化水平对减污降碳协同治理水平空间影响的倒 "U" 形关系

拐点为 0.10，数字产业化水平大于转折点的样本数为 41，其中数字产业化水平均值为 0.2271。图 6-5（a）、图 6-5（b）、图 6-5（c）、图 6-5（d）、图 6-5（e）分别代表空间自回归模型、SDM、SEM、SAC 以及 GSPRE 模型估计的二次项图示结果

前文已经确定数字产业化水平与减污降碳协同治理水平呈倒"U"形的关系，但任何倒"U"形曲线都有上升阶段和下降阶段（杜威剑和李梦洁，2016），为了具体考察样本期内数字产业化水平影响减污降碳协同治理水平在曲线中所处的具体位置，通过对表6-5的估计公式进行求导，进而估算得到数字产业化水平的倒"U"形曲线的拐点。对于全样本而言，数字产业化水平的均值为 0.0618，小于倒"U"形曲线的拐点，其中，86.3334%的样本省区市数字产业化水平未达到倒"U"形曲线的拐点。上述结果表明 2011～2021 年样本期内对于大多数地区而言，区域数字产业化水平对减污降碳协同治理水平的影响还处于倒"U"形曲线的上升阶段，即加快提升数字产业化水平能够对减污降碳协同治理产生积极正向影响。

4. 静态和动态效应分析

由于减污降碳协同治理与数字产业化水平存在显著空间收敛特征，因而需要考虑相应变量的动态累积效应。动态空间杜宾模型的估计结果（表6-6）通过显著性检验的变量包括直接影响中的 digitaladdrate、digitaladdrate^2（10%），对应的含空间交互项包括 $W \times$digitaladdrate（10%）、$W \times$digitaladdrate^2（1%），结果与静态空间杜宾估计结果不一致。结合非线性效应（二次项）和动态空间杜宾模型可知数字产业化确实能够对区域间减污降碳协同治理产生显著的促进作用，但并不能够促进邻近省区市减污降碳协同治理能力的提升。此外，动态空间杜宾结果也表明数字产业化水平在影响区域减污降碳协同治理水平的过程中存在倒"U"形关系。

特别地，区域邻近省区市减污降碳协同治理水平还受制于上期减污降碳协同治理水平的影响，即上期减污降碳协同治理水平每提高 1 个单位，邻近省区市本期减污降碳协同治理水平将显著（1%）提高 0.620 个单位，这就表明区域减污降碳协同治理过程中存在明显的跨区域"模仿"效应。实际上，近年来以环境污染和二氧化碳排放为代表的跨区域污染问题并不鲜见，甚至可以说凡是有影响的环境气候事件，均存在跨区域污染问题。但与负面信息不同的是，区域减污降碳协同治理的跨区域溢出效应表现为正向"模仿"，表明当前跨区域环境污染与碳排放协同共治在制度层面取得了较好的效果。

对比静态空间杜宾模型和动态空间杜宾模型，可以发现：一方面，数字产业化对区域间减污降碳协同治理存在动态累积效应，但这种累积效应将会逐渐降低，这也验证了数字产业化影响区域减污降碳协同治理过程中存在的倒"U"形现象；另一方面，数字产业化在动态累积效应过程中，空间滞后项系数 ρ 仍然显著为正。

表 6-6　数字产业化对减污降碳协同治理水平的静态和动态效应估计

变量	静态空间杜宾模型			动态空间杜宾模型		
	poca	po	ca	poca	po	ca
digitaladdrate	−0.354	0.244	−3.051**	3.493*	−1.012	2.973
	(−0.51)	(0.36)	(−2.73)	(1.82)	(−0.47*)	(0.89)
L.W×poca				0.620***		
				(7.80)		
digitaladdrate^2				−24.29*	9.402	−37.16
				(−2.12)	(0.74)	(−1.87)
L.W×po					0.213***	
					(3.46)	
L.W×ca						0.173**
						(2.70)
W×digitaladdrate	7.478**	5.433*	5.416	−7.745*	−4.522	−9.191
	(2.80)	(2.15)	(1.36)	(−2.44)	(−1.25)	(−1.72)
W×digitaladdrate^2	−16.20	−22.96	21.16	72.71***	33.20	104.2**
	(−0.93)	(−1.35)	(0.78)	(3.53)	(1.44)	(2.94)
空间相关性						
ρ	0.796***	0.782***	0.740***	0.350***	0.708***	0.693***
	(28.25)	(26.75)	(20.82)	(4.58)	(17.05)	(15.69)
σ_e^2	0.00511***	0.00501***	0.0135***	0.00467***	0.00556***	0.0142***
	(12.40)	(12.41)	(12.37)	(13.30)	(13.01)	(12.98)
控制变量	控制	控制	控制	控制	控制	控制
样本量	330	330	330	300	300	300

注：括号内为 t 值

***、**、*分别代表 1%、5%、10%的显著水平

当数字产业化对减污降碳协同治理的影响存在空间溢出效应时，本地的减污降碳协同治理水平的提升不仅来自本地区经济-社会维度和环境治理等因素的影响，还受到相邻地区的影响，而表 6-6 中影响因素的估计系数不能体现经济-社会维度和体制因素等对区域减污降碳协同治理的边际效应。因此，根据 Elhorst 等（2012）的做法，参考式（6-4），进一步将对区域减污降碳协同治理的影响分解为直接效应和间接效应①。由于本章采用的是动态空间面板模型，根据式（6-6）和式（6-7），长期效应和短期效应分别反映影响因素对区域减污降碳协同治理的短期即时影响和考虑时间滞后效应的长期影响。

表 6-7 中动态空间计量模型估计的结果表明，DSDM 中短期效应的直接效应通过显著性检验的解释变量仅有产业结构（str）（1%），即产业

---

① 其中对本地区减污降碳协同治理的总体影响为直接效应，这种效应还包含"反馈效应"，即效应"外溢"至邻近地区又反过来影响本地区减污降碳协同治理；对其他地区减污降碳协同治理的影响为间接效应。

表6-7　数字产业化水平及主要控制变量对减污降碳协同治理水平的影响

变量	SDM 长短期效应			DSDM 短期效应			DSDM 长期效应		
	直接效应	间接效应	总效应	直接效应	间接效应	总效应	直接效应	间接效应	总效应
digitaladdrate	0.494	9.602	10.10	2.375	-14.68**	-12.30*	4.592	56.99	61.58
	(0.56)	(1.42)	(1.38)	(1.22)	(-2.55)	(-1.83)	(0.01)	(0.05)	(0.06)
digitaladdrate²	-0.218	-2.784	-3.002	-0.459	-4.507**	-4.966**	-64.68	-503.9	-568.6
	(-0.06)	(-0.06)	(-0.06)	(-0.72)	(-2.30)	(-2.12)	(-0.02)	(-0.06)	(-0.07)
pgdp	0.0526	0.343***	0.396***	-16.49	116.5***	99.97**	-0.0575	1.593	1.535
	(0.87)	(3.02)	(3.48)	(-1.38)	(3.06)	(2.21)	(-0.01)	(0.09)	(0.10)
str	-1.441*	-8.245**	-9.687**	0.168***	-0.0626	0.106	0.233	27.61	27.84
	(-1.73)	(-2.28)	(-2.27)	(4.43)	(-0.72)	(1.03)	(0.00)	(0.07)	(0.07)
pop	-0.0818***	-0.118	-0.200	0.0116	0.0409*	0.0525**	-0.368	0.651	0.283
	(-2.58)	(-0.82)	(-1.19)	(1.35)	(1.95)	(2.34)	(-0.04)	(0.05)	(0.03)
er	0.0180*	0.0798***	0.0977**	0.00270	0.0846***	0.0873***	0.0778	-0.356	-0.278
	(1.91)	(2.30)	(2.57)	(0.32)	(3.08)	(2.65)	(0.03)	(-0.08)	(-0.07)
open	-0.0172*	-0.0370	-0.0542	-0.0861	-0.123	-0.209**	0.0801	-0.618	-0.538
	(-1.66)	(-0.83)	(-1.03)	(-1.47)	(-1.17)	(-2.04)	(0.04)	(-0.10)	(-0.09)

注：括号内为 t 值

***、**、*分别代表1%、5%、10%的显著水平

结构对本省区市减污降碳协同治理水平有显著正向提升作用；间接效应中数字产业化水平（digitaladdrate）（5%）、数字产业化水平平方项（digitaladdrate^2）（5%）、经济发展水平（pgdp）（1%）、人口密度（pop）（10%）、环境规制强度（er）（1%）影响效应均显著；总效应中数字产业化水平（10%）、数字产业化水平平方项（5%）、经济发展水平（5%）、人口密度（10%）、环境规制强度（1%）影响效应同样显著。由此可知数字产业化水平平方项对周边邻近省区市的减污降碳协同治理水平具有负向溢出效应。

5. "十二五"时期和"十三五"时期对比分析

表6-8反映了"十二五"时期和"十三五"时期数字产业化水平对减污降碳协同治理水平影响的估计结果。一方面，从"十二五"时期到"十三五"时期，数字产业化水平对减污降碳协同治理水平呈现先升后降的倒"U"形影响趋势，而空间溢出（含 W 项）却表现相反，由不显著的抑制作用转变为显著促进作用，说明数字产业化水平对邻近省区市减污降碳协同治理水平的影响在"十三五"时期表现为更强的正向竞争关系。其中在"十三五"时期内的空间溢出影响远高于"十二五"时期。另一方面，"十三五"时期数字产业化水平对区域间减污降碳协同治理仅空间溢出和减污降碳协同治理滞后结果显著，其中减污降碳协同治理的滞后项估计结果表明，随着时间延长，数字产业化水平能够发挥更大优势，动态累积效应越发明显。

表 6-8 "十二五"和"十三五"时期数字产业化水平对减污降碳协同治理水平影响的估计结果

变量	全样本	"十二五"时期（2011～2015 年）			"十三五"时期（2016～2020 年）		
	(1) DSDM	(2) DSDM	(3) DSDM	(4) DSDM	(5) DSDM	(6) DSDM	(7) DSDM
	poca	poca	po	ca	poca	po	ca
digitaladdrate	3.286*	6.538	−0.0641	12.72*	3.716	−0.0641	12.72*
	(1.72)	(0.94)	(−0.02)	(1.74)	(0.85)	(−0.02)	(1.74)
digitaladdrate^2	−24.18**	−15.10	−0.188	−64.18*	−21.28	−0.188	−64.18*
	(−2.16)	(−0.46)	(−0.01)	(−1.96)	(−1.13)	(−0.01)	(−1.96)
L.W×poca	0.700***						
	(7.95)						
L.poca		0.620***			0.665***		
		(6.62)			(8.85)		

续表

变量	全样本	"十二五"时期（2011~2015 年）			"十三五"时期（2016~2020 年）		
	（1）DSDM	（2）DSDM	（3）DSDM	（4）DSDM	（5）DSDM	（6）DSDM	（7）DSDM
	poca	poca	po	ca	poca	po	ca
L.po		0.512***				0.512***	
		(6.71)				(6.71)	
L.ca				0.626***			0.626***
				(9.04)			(9.04)
$W×digitaladdrate$	−9.740***	−9.286	3.838	1.365	33.09***	3.838	1.365
	(−2.71)	(−0.70)	(0.55)	(0.10)	(3.63)	(0.55)	(0.10)
$W×digitaladdrate^2$	81.74***	38.20	−26.49	44.61	−93.45**	−26.49	44.61
	(3.61)	(0.59)	(−0.79)	(0.71)	(−2.24)	(−0.79)	(0.71)
ρ	0.313***	0.189*	0.507***	0.318***	0.624***	0.507***	0.318***
	(3.85)	(1.69)	(5.58)	(3.10)	(7.61)	(5.58)	(3.10)
σ_e^2	0.0038***	0.0023***	0.0006***	0.0023***	0.0021***	0.0006***	0.0023***
	(12.77)	(9.73)	(9.46)	(9.62)	(9.33)	(9.46)	(9.62)
控制变量	控制	控制	控制	控制	控制	控制	控制
样本量	270	120	120	120	150	150	150

注：括号内为 t 值

***、**、*分别代表 1%、5%、10%的显著水平

6.3.2　异质性影响分析

为进一步分析梳理数字产业化对减污降碳协同治理影响过程中的异质性特征，在 DSDM 中分别从数字产业的细分产业和不同区域角度进行异质性研究。

1. 产业异质性影响效应分析

参照数字产业化水平的处理结果，分别使用数字化基础设施产业化水平、数字技术应用及服务产业化水平、数字化交易产业化水平和数字化媒体增加值产业化水平占 GDP 比重作为解释变量参与回归，具体结果如表 6-9 所示。

由表 6-9 的估计结果可知[①]，数字化基础设施产业化水平（infrastructurerate）对减污降碳协同治理水平的直接影响结果显著为正（10%），即数字化基础设施产业化水平每增加 1 个单位，区域减污降碳协同治理水平将提升 2.195 个单位，而数字化基础设施产业化水平的空间溢出效应

---

① 限于篇幅，表 6-8 未对减污系统和降碳系统的估计结果进行汇报，感兴趣读者可与作者联系。

表 6-9 数字产业的细分产业对减污降碳协同治理的估计结果汇总

变量	(1) SDM	(2) DSDM	(3) DSDM	(4) DSDM	(5) DSDM	(6) DSDM
	poca	poca	poca	poca	poca	poca
digitaladdrate	5.239*	0.849				
	(2.33)	(0.32)				
digitaladdrate^2	−33.89**	−3.174				
	(−2.60)	(−0.21)				
L.W×digitaladdrate		0.777***				
		(7.57)				
L.infrastructurerate/technologyrate/dealrate/mediarate			0.865***	0.850***	0.852***	0.877***
			(20.57)	(21.00)	(20.67)	(20.76)
infrastructurerate			2.195*			
			(2.31)			
technologyrate				−0.137		
				(−0.16)		
dealrate					28.89	
					(1.70)	
mediarate						−13.96*
						(−2.02)
W×digitaladdrate	11.31**	0.0612				
	(3.11)	(0.01)				

续表

变量	(1) SDM poca	(2) DSDM poca	(3) DSDM poca	(4) DSDM poca	(5) DSDM poca	(6) DSDM poca
$W\times$infrastructurerate			0.323			
			(0.14)			
$W\times$technologyrate				2.262		
				(1.92)		
$W\times$dealrate					−34.65	
					(−1.76)	
$W\times$mediarate						−4.082
						(−0.33)
ρ	0.681***	0.140	0.158***	0.103*	0.155**	0.181**
	(16.69)	(1.46)	(3.33)	(2.08)	(2.92)	(3.19)
σ_e^2	0.006 93***	0.006 61***	0.003 71***	0.003 71***	0.003 71***	0.003 73***
	(12.46)	(13.44)	(13.55)	(13.56)	(13.53)	(13.48)
控制变量	控制	控制	控制	控制	控制	控制
样本量	330	300	300	300	300	300

注: 括号内为 t 值。

***、**、*分别代表 1%、5%、10%的显著水平

估计结果不显著。数字化基础设施产业化水平能够显著促进智能制造、工业互联网等实现数字化转型,这对减污降碳跨区域、跨行业协同具有重大的现实意义。这可能是因为数字化基础设施建设能够带来精细化环境治理与能源管理,促进区域在减污降碳协同治理过程中的资源配置,降低相应要素资源的重置成本,其中以"东数西算"工程最为明显,引导生产要素向效率更高的部门转移。数字技术应用及服务产业化水平对区域减污降碳协同治理的直接影响为负,未通过显著性检验,但空间溢出效应为正。数字化技术的应用促使了更多的数据传输、信息处理和互联网使用,这可能导致网络设备和通信基础设施的扩展,进而增加能源消耗和碳排放。此外,数字技术应用的便利性和普及性也可能导致更多的资源浪费。尽管数字技术应用在某些方面可以提高效率、优化资源利用和支持环境保护,但它们也可能带来环境问题。细分产业的估计结果验证了 H6-2,但不同数字产业的统计显著性仍有待验证,这可能是因不同细分产业的研究样本存在较大离群值造成的。

2. 空间异质性影响效应分析

考虑到地理分区带来的区域数字产业化发展水平差异,本章在动态和非线性效应的结果上,重新引入分区域空间矩阵,进一步讨论东部、中部、西部和东北地区数字产业化对减污降碳协同治理的影响结果,估计汇总结果如表 6-10 所示。结果显示数字产业化水平对不同区域减污降碳协同治理水平的影响与基准回归结果一致,这同时也验证了 H6-3。

数字产业化水平对减污降碳协同治理水平的分区影响估计中,东部地区、中部地区和东北地区的估计结果显著,其中数字产业化水平对东北地区减污降碳协同治理水平的实际影响大于东部地区和中部地区;空间溢出效应结果表明,东部、中部、西部和东北地区估计结果均显著,但东北地区数字产业化水平对减污降碳协同治理的空间溢出系数为正值,这就表明当前东北地区数字产业化水平对减污降碳协同治理水平存在向其他地区正向溢出扩散的现象。东部地区在数字产业化方面处于领先地位,积累了丰富的环境保护和碳减排经验。这些经验可以通过技术创新和知识分享传递给其他地区,帮助它们加快环境治理进程。例如,东部地区数字化监测系统的建设和应用能够为其他地区提供借鉴和参考,从而加强环境监管和减排能力。随着东部地区数字产业的发展,一些高污染、高能耗产业可能会向其他地区转移。这有助于减少东部地区的污染排放,同时也为其他地区提供更清洁的发展机会。此外,供应链的形成和发展也可能促使其他地区采用更环保的生产方式和技术,从而实现减污降碳。

表 6-10 数字产业化水平对不同地区减污降碳协同治理水平影响的估计结果汇总

变量	东部地区			中部地区			西部地区			东北地区		
	poca	po	ca	poca	po	ca	poca	po	ca	poca	po	ca
L.W×poca	7.344*** (71.96)			9.302*** (62.63)			0.813*** (5.01)			-0.390*** (-3.36)		
digitaladdrate	-733.4*** (-165.67)	-644.6 (-172.09)	0.413 (0.06)	-6 052.8 (-746.07)	-2 976.3*** (-596.76)	29.38** (2.94)	6.356 (1.04)	-1 693.0 (-299.09)	-4.023 (-0.50)	39.32*** (3.90)	41.16*** (4.14)	14.65 (0.88)
digitaladdrate²	3 505.5*** (182.48)	3 102.7*** (191.14)	-35.97 (-1.23)	58 298.9*** (808.54)	28 773.4*** (650.23)	-271.4*** (-3.06)	-24.04 (-0.58)	12 178.3*** (317.91)	85.85 (1.58)	-318.2** (-3.19)	-385.7*** (-3.88)	-96.66 (-0.60)
L.W×po		8.956*** (92.75)			2.452*** (16.94)			27.23*** (159.36)			0.106 (0.85)	
L.W×ca			0.669*** (6.02)			0.560*** (4.07)			0.584*** (4.31)			-0.097 0 (-0.93)
W×digitaladdrate	-1 478.0*** (-203.44)	-1 311.5*** (-213.43)	23.09* (2.19)	-34 695.2*** (-1 355.93)	-16 926.4*** (-1 084.96)	57.27 (1.83)	-48.70*** (-4.10)	-6 474.5*** (-585.33)	-47.99** (-3.11)	124.7** (2.71)	6.882 (0.16)	-26.60 (-0.34)
W×digitaladdrate²	6 643.3*** (214.37)	5 722.9*** (223.64)	-51.47 (-1.13)	304 181.3*** (1 364.60)	148 638.2*** (1 092.50)	-465.8 (-1.70)	381.4*** (4.17)	51 833.1*** (614.06)	398.5*** (3.35)	-1 288.6** (-2.50)	-102.9 (-0.21)	554.7 (0.63)
ρ	2.222*** (23.08)	0.047 6 (0.53)	0.264** (2.74)	1.933*** (14.79)	0.214 (1.77)	0.282** (2.01)	0.187 (1.38)	7.126*** (61.92)	0.197 (1.54)	0.107 (0.70)	0.616*** (5.87)	0.014 6 (0.09)
σ_e^2	0.001 24 (4.16)	0.002 01*** (8.93)	0.005 08*** (7.65)	0.003 57*** (7.80)	0.001 23*** (6.99)	0.004 17*** (5.93)	0.005 79*** (8.12)	0.013 2*** (21.77)	0.010 0*** (8.11)	0.000 828*** (4.25)	0.000 752*** (3.73)	0.002 00*** (4.26)
控制变量	控制	控制	控制	控制	控制	控制	控制	控制	控制	控制	控制	控制
样本量	100	100	100	60	60	60	110	110	110	30	30	30

注：括号内为 t 值；区域划分方法参考前文，其中东部地区为 10×10 矩阵，中部地区为 6×6 矩阵，西部地区为 11×11 矩阵，东北部地区为 3×3 矩阵

***、**、*分别代表 1%、5%、10%的显著水平

6.4　数字产业化对减污降碳协同治理影响效应的稳健性检验

前文得到的核心结论是:数字产业化水平显著提高了中国各省区市减污降碳协同治理水平,且存在倒"U"形影响。本章在基准回归中加入时间固定和省份固定双向固定效应,从而避免遗漏与时间特征、个体特征相关变量所产生的内生性问题。为确保回归结果的可靠性,本章还通过核心指标再度量等其他稳健性检验进一步确保结果的可靠性。

第一,考虑到数据原值经过加工后可能对结果造成偏误,使用数字核心产业增加值而非前文使用的比值作为数字产业化水平的衡量指标,利用动态空间杜宾模型进行相关回归检验,结果如表 6-11 所示,结果第(1)列~第(5)列分别表示数字核心产业(digitalcore)、数字化基础设施(digitalinfrastructure)、数字技术应用及服务(digitaltechnology)、数字化交易(digitaldeal)和数字化媒体(digitalmedia)增加值作为解释变量的估计结果。具体来说,数字化基础设施增加值每提高 1 个单位,减污降碳协同治理水平将显著(1%)降低 0.000 201 个单位,数字化基础设施增加值对减污降碳协同治理的空间溢出将显著降低 0.000 656 个单位。细分产业的估计结果中,数字化基础设施对减污降碳协同治理的直接影响通过了显著性检验,数字化基础设施与数字化交易的空间溢出结果显著。表 6-11 的估计结果表明数字产业化水平对减污降碳协同治理水平的提升作用是稳健的。

表 6-11　替换数字产业化水平度量方式的减污降碳协同治理效果稳健性检验结果

变量	(1) poca	(2) poca	(3) poca	(4) poca	(5) poca
L.W×poca	0.701***	1.242***	0.683***	0.817***	0.675***
	(15.84)	(29.61)	(15.29)	(18.68)	(14.60)
digitalcore	-0.000 004 40				
	(-0.79)				
digitalinfrastructure		-0.000 201***			
		(-17.03)			
digitaltechnology			-0.000 005 69		
			(-0.58)		
digitaldeal				-0.000 294	
				(-1.73)	

续表

变量	（1）poca	（2）poca	（3）poca	（4）poca	（5）poca
digitalmedia					−0.000 210
					（−1.47）
W×digitalcore	−0.000 012 7				
	（−1.28）				
W×digitalinfrastructure		−0.000 656***			
		（−29.87）			
W×digitaltechnology			−0.000 004 59		
			（−0.26）		
W×digitaldeal				−0.001 15***	
				（−4.67）	
W×digitalmedia					0.000 065 5
					（0.27）
ρ	0.361***	1.403***	0.334***	0.491***	0.344***
	（6.90）	（29.18）	（6.23）	（10.16）	（6.50）
σ_e^2	0.003 23***	0.002 57***	0.003 23***	0.003 16***	0.003 19***
	（13.40）	（10.72）	（13.42）	（13.13）	（13.41）
控制变量	控制	控制	控制	控制	控制
对应变量二次项	控制	控制	控制	控制	控制
样本量	300	300	300	300	300

注：括号内为 t 值

***代表 1%的显著水平

第二，考虑到遗漏变量可能对区域减污降碳协同治理的影响，在动态空间杜宾模型中加入影响因素的交叉项，同时考虑时间效应的影响，从而对区域减污降碳协同治理水平进行重新估算，结果（表 6-12）仍显示数字产业化水平估计系数符号与表 6-6 一致。具体来看，数字产业化水平与时间变量的交互效应表明，随着时间增加，数字产业化水平与时间交互项对减污降碳协同治理水平的直接影响为负，空间溢出为正，但并未通过显著性统计检验，这就表明数字产业化水平与时间交互项对减污降碳协同治理水平可能随着时间延长而出现"拐点"。从减污降碳协同治理的分解系数估计来看，数字产业化水平与时间交互项显著影响减污治理，但对降碳治理的影响并不显著。传统上，时间变量可被视为技术进步（Peng et al.，2020b），由此可知，数字产业化影响减污降碳协同治理中技术进步起着重要作用，尤其是对减污治理的影响。

表 6-12　纳入数字产业化水平主要变量与时间交互项的减污降碳协同治理效果稳健性检验结果

变量	(1) poca	(2) po	(3) ca
L.W×poca	0.630***		
	(−14.07)		
digitaladdrate	120.0	25420.5***	8.681
	(1.41)	(282.98)	(0.07)
digitaladdrate²	−15.36	−2353.8***	−16.08
	(−1.52)	(−218.04)	(−1.04)
digitaladdrate×year	−0.0584	−12.48***	−0.00259
	(−1.39)	(−281.15)	(−0.04)
L.W×po		61.22***	
		(862.57)	
L.W×ca			0.862***
			(15.37)
W×digitaladdrate	−176.7	206141.0***	146.5
	(−1.28)	(1373.63)	(0.71)
W×digitaladdrate²	52.05**	−10351.6***	57.34
	(2.72)	(−506.47)	(1.95)
W×digitaladdrate×year	0.0851	−101.5***	−0.0743
	(1.25)	(−1374.62)	(−0.73)
ρ	0.325***	66.16***	0.108
	(5.08)	(957.78)	(1.42)
σ_e^2	0.00301***	−0.0239***	0.00707***
	(13.36)	(−91.21)	(13.45)
控制变量	控制	控制	控制
样本量	300	300	300

注：括号内为 t 值，year 表示时间变量。

***、**分别代表 1%、5%的显著水平

6.5 本 章 小 结

本章通过构建环境污染及碳排放协同治理指标,考察数字产业化对减污降碳协同治理的直接影响与空间溢出效应,通过非线性效应、静态与动态效应以及异质性特征等系统性讨论数字产业化对减污降碳协同治理的影响。主要研究结论包括:①数字产业化对减污降碳协同治理的影响呈现非线性倒"U"形特征,初期数字产业化会显著提升减污降碳协同治理水平,实现数字产业发展与减污降碳的双赢,而随着数字产业化的进一步发展则可能会对减污降碳协同治理产生制约效应。②数字产业化对减污降碳协同治理的影响存在动态累积效应,但这种累积效应随着时间推移逐渐减弱。③数字产业化对减污降碳协同治理影响过程中还存在异质性特征,主要来源于数字经济细分产业特征、不同时段、不同地区等。具体来说,数字化基础设施产业化水平对减污降碳协同治理水平的直接影响结果显著为正,而数字化基础设施产业化水平的空间溢出效应估计结果不显著。从"十二五"时期到"十三五"时期,数字产业化水平对区域减污降碳协同治理水平呈现先升后降的直接影响趋势,而空间溢出效应则表现相反。此外,"十三五"时期数字产业化水平对减污降碳协同治理水平仅空间溢出和减污降碳协同治理水平滞后结果显著,其中减污降碳协同治理的滞后项估计结果表明,随着时间延长,数字产业化水平能够发挥更大优势,动态累积效应也愈发明显。数字产业化水平对东北地区减污降碳协同治理水平的实际影响大于东部地区和中部地区,空间溢出效应结果表明,东部、中部、西部和东北地区估计结果均显著,其中东北地区数字产业化水平对减污降碳协同治理水平存在向其他地区正向溢出扩散的现象。

第7章 产业数字化对减污降碳协同治理的影响效应

协同推进数字产业化发展和产业数字化转型正成为当前经济高质量发展的关键动力，产业数字化的重点就是推进数字技术与实体经济的深度融合。本章在理论上既探讨产业数字化对减污降碳协同治理的影响机制，又将产业数字化细分为农业数字化、工业数字化和服务业数字化，探究不同产业数字化对减污降碳协同治理的影响机理。在实证上构建指标体系，结合熵权法测度分析全国及省域层面产业数字化发展水平，进而采用系统GMM 模型检验了不同产业数字化对减污降碳协同治理水平的影响效应及异质性特征。

7.1 产业数字化对减污降碳协同治理的影响机制及研究假设

7.1.1 产业数字化对减污降碳协同治理的直接影响机制

新增长理论认为，知识积累和技术进步是经济增长的决定因素，通过知识和人力资本等正外在效应投入的不断积累，经济能够获得持续增长（Romer，1990）。产业数字化能够使得知识传播效率大幅度提升，推动产业向数字化、信息化方向发展，从而释放其所蕴含的创新驱动力。这不仅有利于经济增长，同时有助于改善环境质量。总体来看，产业数字化能够降低交易、管理和财务方面的成本，从而提高资本使用效率和劳动生产效率，使得资源和能源利用效率得到提高，进而影响减污降碳协同治理。以下从企业、产业及产业融合三个层面进一步分析产业数字化对减污降碳协同治理的直接影响机制。

第一，从企业层面来看，产业数字化将促使个体企业加快数字化转型升级。数据要素逐渐成为数字经济时代的核心生产要素，利用数字科技全面赋能企业生产、研发、销售、服务等全流程，将业务要素转化成数据要素，从流程驱动业务转变成数据驱动业务，提高企业数字资产的利用率，实现优化企业生产服务流程、提升企业生产效率（Zhang et al.，2018；张虎等，2023）、增强企业的核心竞争力的目标，从而提高企业治污能力，进而减少污染物和二氧化碳的排放（Chen and Zhang，2010；王群勇和李海燕，2023）。第二，从产业层面来看，产业数字化推动新一代信息技术在各行业的普及，数字化资源通过各种形式渗透进产业链的每一个环节，不仅助力重塑产业流程从而加速传统动能转化，还将诞生无限可能的新产业组合，在原产业基础上创造新的附加价值，形成产业新动能，完整地实现产业结构调整和产业重构升级（范合君等，2023），从而推进产业链的数字化改造，促进循环经济产业发展，进而减少污染物排放并实现碳减排。第三，从产业融合层面来看，产业数字化能够催生出一批资源节约、环境友好、节能低碳的新产业，从而打造产业融合新生态，促进产业结构的合理化、高级化、绿色化，进而实现碳减排、减少污染物的排放。

据此提出 H7-1：产业数字化能够显著提高减污降碳协同治理水平。

7.1.2 产业数字化影响减污降碳协同治理的结构异质性

按照三大产业的划分，可以将产业数字化分为农业数字化、工业数字化和服务业数字化（王军等，2021；Yi et al.，2023）。而对于污染物排放的来源可概括为生产污染和生活污染两类。碳排放的来源涉及三大产业，大致可分为农业排污、去林化污染、工业排放、交通运输排污等。不同类型的产业数字化均会对污染物排放的两大源头和碳排放三大产业的来源造成强烈冲击，从而影响减污降碳协同治理。

第一，农业数字化能够推动农业生产智能化、自动化运作，有效降低农业污染物排放和碳排放。农业生产过程中造成的污染物排放以及因农业污染物排放、去林化污染等引起的碳排放是造成农业领域环境污染的主要原因，而随着农业数字化促进农业互联网平台技术的应用和普及，农民仅需通过简单便捷的线上或智能化线下操作即能达到与传统农业生产相似的目的，能源利用效率得以提升，从而有效降低农业生产过程中的各类污染物，同时促进碳排放。

第二，工业数字化能够促进工业生产朝集约化的方向发展，从而改善环境质量。对于传统工业而言，其生产方式在较大程度上依赖企业从事生产的工作人员进行手动的操作以及通过人力的方式运行各个控制系统，往往面临控制延迟、操作效率低等问题，从而在操作间隔中造成了部分能源的浪费，进而导致碳排放以及废气、废水、废渣等工业污染物在生产过程中大幅增加。而以大数据、工业互联网等为代表的新兴技术的使用能够缓解上述问题，同时精准的操作和控制加上数据传输、处理能力的提高使得操作间隔更短，资源利用效率得以提升，最终实现提质增效、减污降碳（李广昊和周小亮，2021）。此外，在工业生产中能源和资源利用效率不高的情况下，获得同等规模下的期望产出数量往往需要进行较多的能源投入，从而排放更多的环境污染物和二氧化碳。产业数字化作为一种可持续的、高质量的产业经济形态，其发展带来的资源配置优化有利于减少工业生产过程中的非期望产出，从而相应减少了环境污染和碳排放（董敏杰等，2012）。

第三，服务业数字化能够驱动居民生活方式的线上化转型，从而减少环境污染物和二氧化碳的排放。日常生活中因交通运输过程产生能源消耗引起的二氧化碳和污染物的排放是造成环境污染的主要原因，而由推动服务业数字化所引起的大数据、网络公共信息服务平台等技术创新会对居民日常生活方式产生较大的冲击。例如，居民的生活与服务模式多以线下的方式展开，难免通过传统的交通运输来实现，这一过程必然会造成大量的能源消耗，从而增加了粉尘、烟尘和废气等污染物的排放。而随着由服务业数字化带来的互联网平台技术在日常生活工作中的应用和普及，居民通过线上服务、会议模式的方式达到与线下工作相似的目的，提高了资源的利用效率，从而有效降低了污染排放和碳排放。

据此提出 H7-2：农业数字化、工业数字化和服务业数字化对减污降碳协同治理水平的影响存在结构异质性。

7.1.3　产业数字化影响减污降碳协同治理的区域异质性

产业结构转型或调整受到区域内外环境变化的制约和影响，主要表现为对产业的分类以及演化的影响，各地区内所处地理位置、资源禀赋状况和经济社会发展阶段等的差异，使得地区产业结构显示出了不同的产业类型与多样性的层次（原毅军和谢荣辉，2015）。产业数字化作为产业在数字方向的转型升级，在不同区域间其发展水平有所差异，产业数字化对减污降碳协同治理的影响也可能存在异质性特征。与此同时，各区域减污降碳协同治理水平也存在显著差异，在资源和能源配置利用效率等方面很有可能也有所不同（Hu，2023），使得产业数字化对减污降碳协同治理水平的影响效应在区域间可能呈现出一定的差异性。

据此提出 H7-3：产业数字化对减污降碳协同治理水平的影响存在区域异质性。

综上，产业数字化对减污降碳协同治理的影响机制如图 7-1 所示。

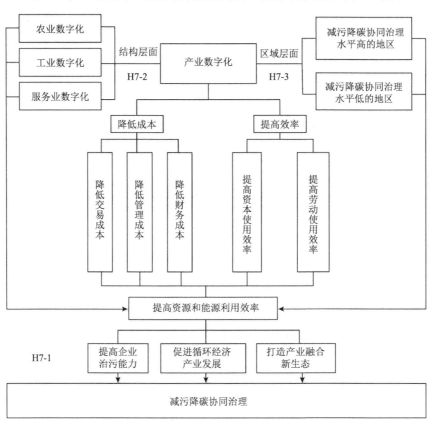

图 7-1　产业数字化对减污降碳协同治理的影响机制

7.2　产业数字化水平评价指标体系的构建与测度

7.2.1　产业数字化水平评价指标体系的建构

1. 指标建立

基于产业数字化的内涵构建产业数字化水平评价指标体系。具体而言，产业数字化水平综合指数是目标层；依据三次产业分类设置农业数字化、工业数字化、服务业数字化 3 个一级指标。本章参考王军等（2021）的做法，依据科学性、层次性及数据的可获得性等原则，共选取农村宽带接入用户、农村居民投向农业的个人固定资产投资额等 8 个指标作为二级指标，选取指标均为正向指标，一级指标和二级指标的选取如表 7-1 所示①。

表 7-1　产业数字化水平评价指标体系

测度目标	一级指标	二级指标	指标	客观赋值权重（60%）	主观赋值权重（40%）	综合权重
产业数字化水平	农业数字化	农村宽带接入用户/万户	Rbau	0.1885	0.0833	0.1464
		农村居民投向农业的个人固定资产投资额/亿元	Faia	0.1287	0.0833	0.1105
		开通互联网宽带业务的行政村比重	Pvib	0.0095%	0.0833%	0.0391%
	工业数字化	每百家企业拥有的网站数/个	Nwpe	0.0156	0.1667	0.0760
		规模以上工业企业研发人员折合全时当量（人年）	Ierd	0.2491	0.1667	0.2161
		每百人使用计算机数/台	Ncpp	0.0888	0.1667	0.1200
	服务业数字化	有电子商务交易活动企业占总企业数比重	Peec	0.0656%	0.1250%	0.0894%
		电子商务销售额/亿元	Ecsv	0.2542	0.1250	0.2025

2. 数据来源

样本数据主要来源于 EPS 中国宏观经济数据库，部分数据来自国家统计局官网、中国信息通信研究院与数字经济和产业相关的数据及研究报告、各省区市历年统计年鉴、历年中国数字经济发展报告、《中国信息产业年鉴》、《中国农村统计年鉴》、《中国工业统计年鉴》等。

3. 数据处理

对于数据的处理需要考虑到数据的可得性及其对应指标的全面性，在此基础上，本章选取的样本区间为 2011～2021 年，样本地区为除西藏和港澳台地区以外的 30 个省区市，并对数据的处理如下：一是为了使各省区市的数据更加具备可比性，在原有指标的基础上对部分指标进行比例测度；二是采用插值法对部分指标的缺失数据进行补充。通过对一系列数据的收集与处理，最终得到 2011～2021 年 30 个省区市的面板数据。

7.2.2　产业数字化水平的测度方法

在上述评价指标体系的基础上，我们采用熵权法来衡量产业数字化水

---

① 考虑到数字金融在整体数字经济体系中的独特作用，本节研究在服务业数字化测度部分并未考虑数字金融，而是在第 8 章专门讨论数字金融对减污降碳协同治理的影响机制和效应。

平。对于产业数字化水平的测度，需要有一个合适有效的方法来给各个指标分配权重，一般可分为主观赋权法和客观赋权法两种选择。为了避免因主观赋权而导致指数测度不准确，同时考虑到各行业发展的客观事实，我们采用了客观赋权和主观赋权相结合的方法，其中客观赋权采用熵权法。除此之外，上述指标存在量纲不统一的问题，从而使得二级评价指标之间不具有可比性，此处采用标准化处理之后的测度数据，然后再进行赋权和测度，从而得出较为准确的测度结果。对于正向和负向指标标准化的处理，本章选择规范化的处理方式，其公式如下：

$$x_{ij} = \frac{x_{ij} - \min\{x_j\}}{\max\{x_j\} - \min\{x_j\}} \tag{7-1}$$

$$x_{ij} = \frac{\max\{x_j\} - x_{ij}}{\max\{x_j\} - \min\{x_j\}} \tag{7-2}$$

其中，$\min\{x_j\}$ 和 $\max\{x_j\}$ 分别为所有年份中指标的最小值和最大值；x_{ij} 为正向指标和负向指标的无量纲化结果。式（7-1）为正向指标，式（7-2）为负向指标。接下来对指标进行正规化处理，然后依照 Yi 等（2022b）所使用的熵值法步骤求出每个指标的客观权重。

w_{nj} 表示第 n 年第 j 项指标在该指标所有年份的数据中所占的比重：

$$w_{nj} = \frac{x_{ij}}{\sum_{i=1}^{m} x_{ij}} \tag{7-3}$$

计算指标的信息熵 e_j，则：

$$e_j = -\frac{1}{\ln m} \sum_{i=1}^{m} w_{nj} \times \ln w_{nj} \tag{7-4}$$

其中，m 为评价年度，信息熵冗余度 d_j：

$$d_j = 1 - e_j \tag{7-5}$$

根据信息熵冗余度计算指标权重 ϕ_j：

$$\phi_j = \frac{d_j}{\sum_{j=1}^{m} d_j} \tag{7-6}$$

考虑到现有研究中对数字经济的阐述，传统产业的数字化在当前产业数字化进程中发挥着不同程度的作用（李廉水等，2014）。此处按照 1：

2∶1 的比重对农业数字化、工业数字化和服务业数字化进行主观赋权权重 δ_j 的计算：

（1）当指标 j 属于农业数字化时，$\delta_j = \frac{1}{4} \times \frac{1}{3} = \frac{1}{12}$。

（2）当指标 j 属于工业数字化时，$\delta_j = \frac{1}{2} \times \frac{1}{3} = \frac{1}{6}$。

（3）当指标 j 属于服务业数字化时，$\delta_j = \frac{1}{4} \times \frac{1}{2} = \frac{1}{8}$。

基于标准化的指标 x_{ij} 及测度的指标权重 ϕ_j，依据李廉水等（2014）组合权重的做法，本节取组合权重 $W_j = 60\%\phi_j + 40\%\delta_j$，使用多重线性函数的加权求出产业数字化水平（idl）。计算公式如下：

$$idl_i = \sum_{j=1}^{m} W_j \times x_{ij} \tag{7-7}$$

通过上述公式计算出产业数字化发展综合指数，其中 idl_i 为 i 省区市的产业数字化水平，其数值在 0～1。idl_i 越大，则表示产业数字化水平越高，反之，idl_i 越小，则表示产业数字化水平越低。经过测度的产业数字化水平各指标的综合权重如表 7-1 所示。

7.3 产业数字化影响减污降碳协同治理的研究模型设计

7.3.1 模型构建

为考察动态面板数据研究产业数字化对减污降碳协同治理水平的影响，本章构建动态面板数据模型中的系统 GMM 模型对其进行实证检验。Blundell 和 Bond（2000）提出了系统 GMM 模型的构建方法，其估计量的一致性要求扰动项不存在自相关。为满足此要求，部分文献采用自相关检验进行识别，同时工具变量的有效性也是估计量一致性的重要条件。然而，Sargan 检验需要满足扰动项独立同分布的假设，这在实际应用中往往过于严格且与现实不符。因此，本章采用了非官方命令 xtabond2 进行系统 GMM 估计，并报告异方差稳健的 Hansen（汉森）统计量来判断工具变量的有效性。基本的计量模型如下：

$$poca = \alpha + \sum_{j=1}^{M} \lambda_j poca_{it} + \beta idl_{it} + \delta X_{it} + \mu_i + \nu_t + \varepsilon_{it} \tag{7-8}$$

其中，M 为最大滞后阶数；λ_j 为第 j 项的回归系数；$poca_{it}$ 为地区 i 在 t 时期的减污降碳协同治理水平；idl_{it} 为地区 i 在 t 时期的产业数字化水平；向

量 X_{it} 为各控制变量；μ_i 为地区 i 的个体固定效应；ν_t 为时间固定效应；α 为常数项；β 为回归系数；ε_{it} 为随机扰动项。

7.3.2 变量选择、数据来源及处理

1. 变量选择

被解释变量和控制变量的选取与第 5 章保持一致。核心解释变量为产业数字化水平（idl）。在本章第二节构建了产业数字化水平评价指标体系并测度出各省区市产业数字化水平，该测度结果作为本章的核心解释变量（idl）。除此之外，为了多维度研究产业数字化水平，将产业数字化水平细分为农业数字化水平、工业数字化水平和服务业数字化水平，从产业数字化结构的视角分别探讨各产业数字化水平对减污降碳协同治理水平的影响效应。

2. 数据来源及处理

为控制异方差问题，本章对所有控制变量均进行对数化处理，对各变量的定性描述如表 7-2 所示。对于被解释变量、核心解释变量和控制变量的描述性统计如表 7-3 所示。2011~2021 年产业数字化平均水平及减污降碳协同治理平均水平在各省区市之间的比较如图 7-2 所示，值得注意的是，减污降碳协同治理平均水平较高的多为我国东部省区市，其他省区市产业数字化平均水平及减污降碳协同治理平均水平的分布较为集中。此外，在进行基准回归之前，我们需要检验各个变量序列的平稳性。为此，我们进行了 LLC 检验（Levin-Lin-Chu test）、IPS 检验（Im-Pesaran-Shin test）和 Fisher-PP 检验，如表 7-4 所示。从表中可以看出，所有变量均通过了平稳性检验，能够进行下一步的回归分析。

表 7-2 各变量的定性描述

变量类别	变量	变量名称	度量指标及说明
被解释变量	poca	减污降碳协同治理水平	第 4 章计算的减污降碳复合系统协同度
核心解释变量	idl	产业数字化水平	熵权法测度出的产业数字化水平及其三个细分维度
	idla	农业数字化水平	
	idli	工业数字化水平	
	idls	服务业数字化水平	
控制变量	pgdp	经济发展水平	人均地区生产总值的对数值
	str	产业结构	第二产业增加值与总增加值比重的对数值

续表

变量 类别	变量	变量名称	度量指标及说明
控制 变量	pop	人口密度	单位面积人口数量的对数值
	er	环境规制强度	工业环境污染治理总额对数值
	open	对外开放水平	外商直接投资总额的对数值

表 7-3 变量的描述性统计

变量	观测值	均值	标准差	最小值	最大值
poca	330	0.2391	0.1896	−0.1401	0.6284
idl	330	0.2374	0.1106	0.0784	0.7123
idla	330	0.3105	0.1472	0.0034	0.8364
idli	330	0.2343	0.1255	0.0501	0.7969
idls	330	0.1406	0.1235	0.0046	0.7595
pgdp	330	10.8051	0.4459	9.6906	12.1226
str	330	0.4263	0.0875	0.1583	0.5905
pop	330	5.4710	1.2939	2.0623	8.2817
er	330	12.6578	2.8173	6.1654	23.0133
open	330	12.7063	1.6689	5.7714	14.8816

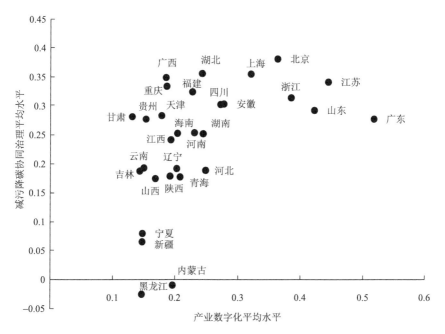

图 7-2 2011～2021 年各省区市产业数字化及减污降碳协同治理平均水平

表 7-4 平稳性检验

变量	（1）LLC 检验	（2）IPS 检验	（3）Fisher-PP 检验
poca	−4.8762***	−4.3867***	2.4072***
	（0.0000）	（0.0000）	（0.0080）
idl	−8.9044***	−5.6291***	6.7483***
	（0.0000）	（0.0000）	（0.0000）
idla	−19.4019***	−10.6991***	8.4001***
	（0.0000）	（0.0000）	（0.0000）
idli	−14.4967***	−9.9107***	10.2845***
	（0.0000）	（0.0000）	（0.0000）
idls	−14.2760***	−5.4368***	9.6413***
	（0.0000）	（0.0000）	（0.0000）
pgdp	−6.5303**	−5.6020***	6.7034***
	（0.0000）	（0.0000）	（0.0000）
str	−5.7044**	−3.4638***	4.8920***
	（0.0000）	（0.0003）	（0.0000）
pop	−6.0944***	−15.4324***	8.5290***
	（0.0000）	（0.0000）	（0.0000）
er	−14.9888***	−1.8617***	9.4695***
	（0.0000）	（0.0313）	（0.0000）
open	−7.2349***	−2.6238***	4.5002***
	（0.0000）	（0.0043）	（0.0000）

注：上述结果根据 Stata 软件的 xtunitroot 中得到，LLC 检验输出调整后的 t 值，IPS 检验输出值为 Z 值，Fisher-PP 检验输出值为 P 值，其滞后阶数根据赤池信息量准则（Akaike information criterion）选取。LLC 检验、IPS 检验和 Fisher-PP 检验的原假设均为存在单位根

和*分别代表在 5% 和 1% 显著性水平

7.4 产业数字化对减污降碳协同治理影响的实证结果分析

7.4.1 基准回归分析

为了控制时间和不同省区市对回归结果的影响，本章采用系统 GMM 模型进行回归分析。表 7-5 为产业数字化水平对减污降碳协同治理水平影响的基准回归结果，在表 7-5 第（1）列中未添加控制变量，在第（2）列中加入控制变量，从回归结果可以看出，产业数字化水平的系数在 5% 和

10%水平下显著为正，初步表明产业数字化可以提高减污降碳协同治理，即 H7-1 成立。产业数字化水平越高，各个产业的数字化、信息化水平越高，有助于驱动减污降碳协同治理。可能的原因为：产业数字化程度的提高使得各产业交易、管理和财务成本降低，同时伴随着劳动力和资本要素使用效率的提高，资源和能源的使用效率也得到提高，促进了减污降碳协同治理。以上分析结果表明，较高的产业数字化水平有助于减污降碳协同治理水平的提升。

表 7-5　产业数字化水平对减污降碳协同治理水平影响的基准回归结果

变量	（1）	（2）
L.poca	0.8729***	0.8619***
	（0.0435）	（0.0541）
idl	0.7485**	0.3876*
	（0.3549）	（0.2140）
pgdp		−0.0268
		（0.0261）
str		0.0021
		（0.1007）
pop		0.0054
		（0.0095）
er		0.0017
		（0.0018）
open		−0.0085
		（0.0063）
一阶自相关检验	0.001	0.014
二阶自相关检验	0.914	0.659
Hansen 过度识别检验	0.987	0.830

注：括号中为标准误
***、**、*分别代表 1%、5%、10%的显著水平

7.4.2　异质性分析

1. 结构异质性

农业数字化水平、工业数字化水平和服务业数字化水平对减污降碳协同治理水平的回归估计结果如表 7-6 所示。从表 7-6 中可以看出，农业数字化和服务业数字化均在 10%的水平下促进了减污降碳协同治理水平的提升。结合回归系数和显著性水平来看，不同维度的产业数字化水平对减

污降碳协同治理水平的影响程度从大到小依次为：服务业数字化>农业数字化>工业数字化，该结论与 H7-2 的观点一致。

表 7-6 不同产业数字化对减污降碳协同治理影响的回归结果

变量	（1）	（2）	（3）
	农业数字化	工业数字化	服务业数字化
L.poca	0.8836***	0.7570***	0.7144***
	(0.0502)	(0.1820)	(0.2339)
idla	0.1987*		
	(0.1142)		
idli		0.0892	
		(0.6631)	
idls			0.3811*
			(0.2178)
pgdp	0.0187	0.1074	0.0868**
	(0.0186)	(0.0712)	(0.0395)
str	−0.0795	0.0069	0.2991
	(0.0679)	(0.5111)	(0.9357)
pop	0.0096	−0.1054	−0.1483*
	0.0078	(0.0837)	(0.0789)
er	−0.0016	0.0020	−0.0005
	(0.0016)	(0.0018)	(0.0056)
open	−0.0099	0.0500	0.0707*
	(0.0071)	(0.0355)	(0.0372)
一阶自相关检验	0.002	0.038	0.025
二阶自相关检验	0.464	0.577	0.213
Hansen 过度识别检验	1.000	0.969	0.827

注：括号中为标准误

***、**、*分别代表 1%、5%、10%的显著水平

2. 区域异质性

在本章前文的分析中，虽然尽可能地控制了影响减污降碳协同治理的因素，但只是将全样本作为研究对象，没有考虑空间区域及区域的异质性可能对回归结果造成的影响。此外，不同区域产业数字化水平对减污降碳协同治理的影响程度可能存在差异。因此，本章对我国 30 个省区市进行了区域的划分，按照我国经济区域的划分，此处将我国各省区市全样本划

分为东部、中部、西部和东北这四个子样本，并分别进行回归分析，回归结果如表 7-7 所示。

表 7-7　不同区域产业数字化水平对减污降碳协同治理影响的回归结果

变量	（1）	（2）	（3）	（4）
	东部	中部	西部	东北
L.poca	0.8230***	0.0963	0.3559***	0.3275**
	（0.0930）	（0.3681）	（0.1173）	（0.1312）
idl	0.1190	0.7479*	0.5716**	−1.2320***
	（0.2668）	（0.4205）	（0.2494）	（0.4624）
pgdp	0.0854	0.3290***	0.0548	0.2334***
	（0.0591）	（0.1120）	（0.0506）	（0.0889）
str	−0.0294	−1.2541	−1.5823***	0.3459*
	（0.1718）	（1.4853）	（0.4104）	（0.1991）
pop	−0.0221	0	0.0792***	−0.0128
	（0.0197）		（0.0161）	（0.0504）
er	−0.0022*	0.0059**	0.0007	0.0194***
	（0.0012）	（0.0027）	（0.0024）	（0.0047）
open	0.0114	−0.2107	−0.0050	0.0251
	（0.0184）	（0.0776）	（0.0223）	（.0187）
一阶自相关检验	0.042	0.513	0.011	0.026
二阶自相关检验	0.110	0.247	0.507	0.031
Hansen 过度识别检验	1.000	1.000	0.348	0.309

注：括号中为对应的标准误
*、**、***分别代表在 10%、5%和 1%水平下显著

表 7-7 所示，第（1）～（4）列加入所有控制变量后的系统 GMM 模型结果发现，东部地区产业数字化水平对应回归系数的结果不显著，中部地区回归结果未通过一阶自相关检验，东部地区回归结果未通过二阶自相关检验。仅在西部地区，产业数字化水平在 5%的显著性水平下显著促进了该区域的减污降碳协同治理水平。可能的原因主要有以下两个方面：一方面，西部地区各产业数字化水平基础薄弱，与其他地区相比，其产业数字化水平仍处于发展较为迅速的上升期，产业数字化相关指标年均增长率较高，减污降碳的发展潜力较大。因此随着产业数字化水平的提高，较易对减污降碳协同治理水平产生促进作用。另一方面，由于贵州省、重庆市

和甘肃省等在数字经济发展中的重要推动作用,我国西部地区产业数字化水平提升潜力巨大。贵州省、重庆市作为国家大数据综合试验区,积极布局大数据产业园区;甘肃省作为"东数西算"工程的国家枢纽节点,逐步以数据流引领物资流、人才流、技术流、资金流在甘肃省集聚,带动该区域大数据产业园区的建设和发展(Guo et al.,2023);以贵阳大数据安全产业园、贵安新区数字经济产业园、重庆两江数字经济产业园、兰州新区大数据产业园等为依托,贵州省、重庆市和甘肃省乃至西部地区数字产业表现出的较好的市场发展势头,有助于西部地区产业数字化水平和减污降碳协同治理水平的进一步提高。

7.5　产业数字化对减污降碳协同治理影响效应的稳健性检验

7.5.1　更换回归模型

为了缓解随时间变化的不可观测因素导致的内生性问题,本章采用差分 GMM 模型的方法,将被解释变量 poca 的滞后一期作为 GMM 式工具变量,pgdp、str、pop、er 和 open 作为外生控制变量进行回归,回归结果如表 7-8 所示。从表 7-8 中可以看出,回归结果通过了一阶自相关检验、二阶自相关检验和 Hansen 过度识别检验,产业数字化水平均促进减污降碳协同治理水平的提升,且在第(2)列纳入控制变量后其促进效果在 5%的显著性水平下显著,证明前文基准回归的结果是稳健的。

表 7-8　产业数字化水平对减污降碳协同治理水平影响的差分 GMM 模型回归结果

变量	(1)	(2)
L.poca	0.6934***	0.3655
	(0.0822)	(0.2385)
idl	0.5959	1.9964**
	(0.6463)	(0.9978)
pgdp		0.1614*
		(0.0887)
str		−0.6071
		(0.4510)

续表

变量	（1）	（2）
pop		0.9348
		(0.6216)
er		0.0015
		(0.0027)
open		−0.0125
		(0.0224)
一阶自相关检验	0.002	0.014
二阶自相关检验	0.790	0.659
Hansen 过度识别检验	0.168	0.830

注：括号中为标准误

***、**、*分别代表 1%、5%、10%的显著水平

7.5.2　改变时间跨度

我国出台的五年规划在国家每个阶段社会经济发展、环境治理等方面起到了举足轻重的指导性作用，本章研究的时间区间跨国家"十二五"规划和"十三五"规划时期，与"十二五"规划纲要相比，"十三五"规划纲要中增加了对"数字"的表述，从此数字经济从多方面蓬勃发展，鉴于数字经济总体上会影响减污降碳协同治理水平，因此除产业数字化外的其他部分可能会影响产业数字化的减污降碳协同效应，为了缓解在样本时间选取上的误差，本章分别随机选取了包含"十二五"规划时期和"十三五"规划纲要出台的时间区间，即 2013~2021 年、2015~2021 年和 2017~2021年三个时间段来重复基准回归的过程，如表 7-9 中第（1）~（3）列所示。从表 7-9 中可以看出，idl 的回归系数均在 10%的显著性水平下显著为正，说明产业数字化水平对减污降碳协同治理水平的促进影响是稳健的。

表 7-9　产业数字化水平对减污降碳协同治理水平影响的分样本回归结果

变量	2013~2021 年	2015~2021 年	2017~2021 年	剔除部分样本
	（1）	（2）	（3）	（4）
L.poca	0.8619***	0.8619***	0.7738***	0.8619***
	(0.0541)	(0.0541)	(0.0676)	(0.0541)
idl	0.3876*	0.3876*	0.4326*	0.3876*
	(0.2140)	(0.2140)	(0.2336)	(0.2140)

变量	2013~2021 年	2015~2021 年	2017~2021 年	剔除部分样本
	（1）	（2）	（3）	（4）
pgdp	−0.0268	−0.0268	−0.0259	−0.0268
	(0.0261)	(0.0261)	(0.0285)	(0.0261)
str	0.0021	0.0021	−0.0256	0.0021
	(0.1007)	(0.1007)	(0.1117)	(0.1007)
pop	0.0054	0.0054	0.0040	0.0054
	(0.0095)	(0.0095)	(0.0113)	(0.0095)
er	0.0017	0.0017	0.0016	0.0017
	(0.0018)	(0.0018)	(0.0013)	(0.0018)
open	−0.0085	−0.0085	−0.0047	−0.0085
	(0.0063)	(0.0063)	(0.0088)	(0.0063)
一阶自相关检验	0.014	0.014	0.037	0.014
二阶自相关检验	0.659	0.659	0.660	0.659
Hansen 过度识别检验	0.830	0.830	0.557	0.830

注：括号中为标准误

***、*分别代表 1%、10%的显著水平

7.5.3 剔除部分样本

由于我国的直辖市具有特殊行政地位，其在数字化水平、经济发展、环境质量等方面同样具有一定程度的特殊性，故将北京、上海、天津和重庆四个直辖市的样本数据删除，仅保留 26 个省区的样本进行重新回归。回归结果如表 7-9 的第（4）列所示。从表 7-9 中可以看出，剔除了直辖市样本后，产业数字化水平对应的回归系数在 10%的显著性水平下显著，与基准回归的结果高度一致，再次证明了产业数字化水平能够正向促进减污降碳协同治理的结果是稳健的。

7.6 本章小结

数字技术在产业的应用已成为产业发展不可或缺的一部分，同时减污降碳协同治理已成为促进经济社会发展全面绿色转型的总抓手，产业数字化与减污降碳协同治理无疑是具有代表性的议题。为此，本章采用系统GMM 模型检验分析了产业数字化对减污降碳协同治理水平的影响效应，

在此基础上探讨该影响效应可能存在的异质性特征,并进行了一系列异质性分析。主要研究结论如下:第一,从整体来看,产业数字化能够显著促进减污降碳协同治理水平,在考虑内生性和其他一系列稳健性检验后该结论依然成立;第二,从影响效应的结构异质性看,服务业数字化对减污降碳协同治理水平的促进效应要高于农业数字化和工业数字化;第三,从影响效应的区域异质性看,产业数字化能够显著促进我国西部地区的减污降碳协同治理水平,而对东部、中部和东北地区的影响效应并不显著。

第8章　数字金融对减污降碳协同治理的影响效应

数字金融是一种新型金融业务模式,能够为推进数字产业化和产业数字化提供重要支撑。本章在理论上论证数字金融对减污降碳协同治理的直接影响机制,以及通过绿色金融和技术创新对减污降碳协同治理产生的间接影响机制,结合双向固定效应模型和中介效应模型,检验了数字金融对减污降碳协同治理水平的直接影响效应和间接影响路径,最后探讨影响效应的结构异质性和区域异质性。

8.1　数字金融对减污降碳协同治理的影响机制及研究假设

数字金融与传统金融相互融合、相互促进,与传统金融相比,数字金融具有普惠、共享、便捷、低门槛、低成本、高效率等特征,集普惠服务与精准服务于一身,这使得数字金融在发展的过程中能够兼顾效率与公平,在促进经济发展的同时为减污降碳协同治理提供更多便捷、低成本、高效率的金融服务,从而推动减污降碳协同治理,实现经济与环境的双赢发展。

8.1.1　数字金融对减污降碳协同治理的直接影响机制

数字金融对减污降碳协同治理的直接影响主要表现在:第一,数字金融本身就是一种绿色发展方式。数字金融平台的支付、算力、客服服务、保险销售及理赔均可以在线上实现,且很大一部分可以用人工智能完成,降低了金融业自身能耗,极大地提升了资源配置效率(Zhang et al., 2022),使金融业更加绿色环保,并步入资源节约、环境友好的发展轨道(Le et al., 2020)。第二,数字金融能够赋能传统行业,提升传统行业的生产效率,促进资源节约和环境保护(Razzaq et al., 2023)。移动支付平台的发展可以令传统行业打破信息壁垒,令其能够更加便捷地获取消费端数据,剖析市场需求变化,并据此进行资源重组,使供给与需求更加匹配,减少无效供给和需求环节带来的资源浪费,进而促进减污降碳。第三,数字金融可以扩大公众环保参与,促进绿色消费及搭建环保平台,有利于减少资源能源消耗和资源循环利用。在扩大公众环保参与方面,已有多个数字金融平台开辟了倡导公众参与环保事务的活动,例如支付宝平台的蚂蚁森林活动,用户在平台中种植虚拟树可以同样使其被种植在真实的沙漠中。这种活动拓宽了公众的环保参与渠道,同时将更多生活中与绿色相关的事务赋予了金融属性,鼓励了用户的低碳行为,推动了我国经济向绿色低碳转型。在促进绿色消费方面,数字金融的发展扩大了移动支付的覆盖面,广泛地使用移动支付可以降低现金的使用率;与此同时,线上金融服务的发展使公众去柜台办理业务的频率下降,减少了相应的能源消耗。在搭建环保平台方面,数字金融的发展带动了多个环保服务平台的产生,如支付宝的垃圾分类回收平台等,也有多个平台推出旧衣旧物回收服务,提高了资源的回收利用率,减少了重复生产带来的资源浪费和环境污染,有利于循环经济发展。

据此提出 H8-1:数字金融能够直接促进减污降碳协同治理。

8.1.2 数字金融对减污降碳协同治理的间接传导机制

数字金融影响减污降碳协同治理的间接传导机制主要体现在两个方面:即数字金融影响绿色金融和技术创新,进而影响减污降碳协同治理,本章将这种间接影响效应归结为绿色金融效应和技术创新效应。

1. 绿色金融效应

绿色金融效应是指数字金融能够赋能绿色金融,进而对减污降碳协同治理产生正向的影响。一方面,数字金融自带绿色金融属性,可以通过数字技术降低金融业能耗,使金融行业更加绿色环保。例如,数字金融可以在发放信贷时,秉持绿色投资理念,增加绿色信贷占比,并采用线上信贷模式,减少机构运营和客户申贷过程中的污染物及碳排放。另一方面,数字金融可以提升绿色金融效率,促进绿色金融发展(Ozili,2021)。数字金融所拥有的数字技术可以建立和完善环境信息共享和披露机制,并提升环境信息的透明度及金融机构对其的利用率,将环境监督贯穿企业资金使用的全过程,使风险管控更加有力,同时提升绿色金融的服务效率及其投放精准度(Lu et al.,2022),推动绿色经济稳步发展,实现减污降碳协同治理。

据此提出 H8-2:数字金融能够提升绿色金融效率、促进绿色金融发展,进而推动减污降碳协同治理。

2. 技术创新效应

技术创新效应是指由数字金融驱动的技术创新对减污降碳协同治理

的影响效应。技术创新离不开金融支持，传统金融服务容易导致金融资源的错配以及"融资歧视"，进一步造成不同企业的融资成本差异，同时还存在借贷双方信息不对称等问题，导致科技型企业难以得到有效的信贷支持。数字金融的低门槛、低成本、普惠性等特征能够破除传统金融服务的限制（Li et al.，2022；Yang et al.，2021b），提高金融机构的服务效率和服务质量，这将激励更多的企业投入创新创业活动中（Liu et al.，2022；万佳彧等，2020；Zhang et al.，2022）。另外，科技型企业多为中小微企业，中小微企业是极具创新活力和潜力的经济主体。但在传统金融模式中，中小微企业融资往往受到诸多限制，其技术创新活动难以得到资金支持，而数字金融具有普惠性，可以全方位为欠发达地区及中小微企业提供平等的金融服务（Zhong and Jiang，2020；Cheng et al.，2023），为中小微企业的技术创新提供有效的资金支持，释放其创新活力及潜力，极大地促进了技术创新（Lin and Ma，2022；Zhang et al.，2022）。技术的进步会推动低碳技术及减污技术的创新，同时也会间接优化产业效率，提高能源转化率，促进减污降碳协同治理。

据此提出 H8-3：数字金融能够推动技术创新，进而促进减污降碳协同治理。

综上所述，数字金融可以通过直接、间接两种机制来影响减污降碳协同治理，其影响机制如图 8-1 所示。

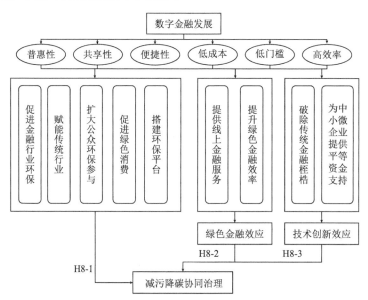

图 8-1 数字金融对减污降碳协同治理的影响机制

8.2　数字金融对减污降碳协同治理影响的研究模型设计

8.2.1　模型设定

本章构建了一系列计量模型来验证上述研究假设，首先针对 H8-1 中的直接传导机制构建了如下双向固定效应模型：

$$\text{poca}_{i,t} = a_0 + a_1 \text{difi}_{i,t} + \sum \mathbf{Z}_{i,t} + \mu_i + \delta_t + \varepsilon_{i,t} \qquad (8\text{-}1)$$

其中，$\text{poca}_{i,t}$ 为地区 i 在 t 时期的减污降碳协同治理水平；$\text{difi}_{i,t}$ 为地区 i 在 t 时期的数字金融发展水平；向量 $\mathbf{Z}_{i,t}$ 为一系列控制变量；μ_i 为地区 i 不随时间变化的个体固定效应；δ_t 为时间固定效应；a_0 为常数项；a_1 为回归系数；$\varepsilon_{i,t}$ 为随机扰动项。

为了验证绿色金融和技术创新是否在数字金融对减污降碳协同治理的影响中充当中介角色，并验证 H8-2、H8-3，本章构建了中介效应模型如下：

$$\text{gf}_{i,t} = b_0 + b_1 \text{difi}_{i,t} + \sum \mathbf{Z}_{i,t} + \mu_i + \delta_t + \varepsilon_{i,t} \qquad (8\text{-}2)$$

$$\text{poca}_{i,t} = a_0 + a_1' \text{difi}_{i,t} + c_1 \text{gf}_{i,t} + \sum \mathbf{Z}_{i,t} + \mu_i + \delta_t + \varepsilon_{i,t} \qquad (8\text{-}3)$$

$$\text{tech}_{i,t} = b_0 + b_2 \text{difi}_{i,t} + \sum \mathbf{Z}_{i,t} + \mu_i + \delta_t + \varepsilon_{i,t} \qquad (8\text{-}4)$$

$$\text{poca}_{i,t} = a_0 + a_2' \text{difi}_{i,t} + c_2 \text{tech}_{i,t} + \sum \mathbf{Z}_{i,t} + \mu_i + \delta_t + \varepsilon_{i,t} \qquad (8\text{-}5)$$

其中，b_0 为常数项；b_1、a_1'、b_2、a_2'、c_1、c_2 为回归系数；$\text{gf}_{i,t}$ 为地区 i 在 t 时期的绿色金融发展水平；$\text{tech}_{i,t}$ 为地区 i 在 t 时期的技术创新水平，其余与式（8-1）相同。中介效应模型同基准回归一样，采用双向固定效应模型进行回归。式（8-1）、式（8-2）、式（8-3）构成检验绿色金融是否充当数字金融与减污降碳协同治理之间的中介角色的中介效应模型，式（8-1）、式（8-4）、式（8-5）构成技术创新的中介效应模型。具体检验方法参考温忠麟和叶宝娟（2014）的五步法，以绿色金融中介模型为例对具体操作方法进行简要介绍。

第一步，检验式（8-1）中的 a_1 是否显著，若显著，按中介效应立论，若不显著则按遮掩效应立论。

第二步，检验式（8-2）中的 b_1 及式（8-3）中的 c_1 是否显著，若均显著，则直接进行第四步，若至少有一个不显著，则进行第三步。

第三步，用 bootstrap（自助）法检验 $b_1 \times c_1$ 是否为 0，若结果显著，则间接效应显著，若不显著，则间接效应不显著，分析结束。

第四步，检验式（8-3）中 a_1' 的显著性，若显著，则直接效应显著，进行第五步，若不显著，则直接效应不显著，模型只存在中介效应。

第五步，判断 $b_1 \times c_1$ 与 a_1' 是否同号，若同号则属于部分中介效应，且中介效应占总效应的比重为 $b_1 c_1 / a_1'$，若异号，则为遮掩效应。

8.2.2　变量选择、数据来源及处理

1. 变量选择

本章实证分析模型中被解释变量和控制变量与前述各章保持一致，核心解释变量和中介变量的选择依据和方法具体如表 8-1 所示。

表 8-1　各变量的定性描述

变量类别	符号	变量含义	度量指标及说明
被解释变量	poca	减污降碳协同治理水平	第 4 章计算的减污降碳复合系统的协同度
核心解释变量	difi	数字金融发展水平	北京大学数字普惠金融指数
其他解释变量	gd	数字金融覆盖广度	北京大学数字普惠金融指数的三个细分维度
	sd	数字金融使用深度	
	dgcd	普惠金融数字化程度	
中介变量	gf	绿色金融发展水平	绿色金融指数
	tech	技术创新	创新效率
控制变量	pgdp	经济发展水平	人均地区生产总值的对数值
	str	产业结构	第二产业增加值与总增加值比重的对数值
	pop	人口密度	人口密度的对数值
	er	环境规制强度	工业环境污染治理总额对数值
	open	对外开放水平	外商直接投资总额的对数值

核心解释变量为数字金融发展水平（difi），本章采用北京大学数字普惠金融指数来衡量各省区市的数字金融发展水平（郭峰等，2020）。该指数由北京大学数字金融研究中心和蚂蚁集团合作测度，包含数字金融覆盖广度（gd）、数字金融使用深度（sd）及普惠金融数字化程度（dgcd）三个子指标，较为科学准确地刻画了我国数字金融发展趋势。从我国各省区市 2011 年和 2021 年数字金融发展分布状况看，从时间纵向角度来看，在总指标上，我国各省区市数字普惠金融指数的均值从 2011 年的 40.004增长到 2021 年的 372.718，说明在样本期内，我国数字金融经历了快速的增长。在细分指标上，各省区市数字金融覆盖广度的均值从 2011 年的34.278 增长到 2021 年的 361.409，表明各省区市数字金融的覆盖广度实现

了较大的提升；各省区市数字金融使用深度的均值从 2011 年的 46.933 增长到 2021 年的 373.933，表明在样本期内，各省区市的数字金融服务使用深度也呈大幅提升的态势；各省区市普惠金融数字化程度的均值从 2011 年的 46.319 增长到 2021 年的 407.880，表明全国数字金融服务的便利性、低门槛、低成本优势在数字金融的发展过程中愈加显现。从空间横向角度来看，东部沿海地区的数字金融发展水平一直较为领先，西北地区的数字金融发展水平则相对而言较为落后。

中介变量为绿色金融发展水平和技术创新，选取方式如下。

（1）绿色金融发展水平（gf），绿色金融的发展可以降低金融业的能源消耗，同时也可以为企业提供绿色信贷等绿色金融服务，促进经济绿色转型发展。借鉴 Lee 和 Lee（2022）的做法，构建了一个包含绿色信贷、绿色投资、绿色证券及绿色保险碳金融四个指标的绿色金融测度体系，并用主客观结合的方法进行测度得出最终的绿色金融指数来衡量绿色金融发展水平。

（2）技术创新（tech），技术进步会提升能源利用效率、优化资源配置，并带动绿色技术的发展，促进减污降碳协同治理。大多数研究选择用专利申请数或授权数来代表技术创新，这种方法具有一定的片面性，不能反映技术创新的全部内涵。考虑到创新效率是区域创新能力的重要体现，本章采用随机前沿分析模型，依据常用的柯布-道格拉斯函数分解各省区市之间的创新效率，用于衡量技术创新。

2. 数据来源及处理

本章针对我国 30 个省级行政区（数据不包括西藏和港澳台地区）进行研究，收集了各省区市 2011～2021 年的面板数据，除北京大学数字普惠金融指数外，所有数据均来自《中国统计年鉴》《中国环境年鉴》《中国能源年鉴》等，缺失值采用插值法进行补齐。各变量的描述性统计见表 8-2，各变量间相关系数见表 8-3。从表 8-3 可以看出，各变量间的相关系数最大值为 0.830，于是此处进行了 VIF 检验，最大的 VIF 值为 3.44，且 VIF 均值为 2.22，远小于 10，故模型无多重共线性。

表 8-2　变量的描述性统计

变量	观测值	均值	标准差	最小值	最大值
poca	330	0.225	0.165	−0.083	0.582
difi	330	231.473	103.313	18.330	458.970
gf	330	0.196	0.118	0.062	0.885

续表

变量	观测值	均值	标准差	最小值	最大值
tech	330	0.452	0.220	0.000	1.099
pgdp	330	10.805	0.446	9.691	12.123
str	330	0.774	0.244	0.417	1.840
pop	330	5.471	1.294	2.062	8.282
er	330	12.658	2.817	6.165	8.282
open	330	12.706	1.669	5.771	14.882

表 8-3   各变量间的相关系数

变量	poca	difi	gf	tech	pgdp	str	pop	er	open
poca	1								
difi	0.830	1							
gf	0.543	0.471	1						
tech	0.131	0.056	0.339	1					
pgdp	0.602	0.649	0.759	0.207	1				
str	0.479	0.546	0.706	0.127	0.522	1			
pop	0.385	0.199	0.579	0.241	0.544	0.299	1		
er	0.144	0.156	0.004	−0.073	0.147	−0.082	0.074	1	
open	0.227	0.109	0.382	0.128	0.386	0.030	0.692	0.136	1

8.3   数字金融对减污降碳协同治理影响的实证结果分析

8.3.1   基准回归结果

在进行基准回归之前，本章对所有变量做了单位根检验及协整性检验，检验结果显示各变量间呈现一阶协整关系，故后文中均用原始数据进行回归。本章采用面板双向固定效应模型进行回归，表 8-4 报告了基准回归结果。为了便于对比，本章还列出了 OLS（ordinary least square method，普通最小二乘法）及固定效应回归结果，表 8-4 中，第（1）列是 OLS 回归结果，第（2）列是控制省份固定效应回归结果，第（3）列是双向固定效应回归结果。

表 8-4   数字金融对减污降碳协同治理影响的基准回归结果

变量	（1）	（2）	（3）
	poca	poca	poca
difi	0.001***	0.001***	0.002**
	(0.000)	(0.000)	(0.001)

续表

变量	(1)	(2)	(3)
	poca	poca	poca
pgdp	−0.027	0.085**	0.094
	(0.017)	(0.038)	(0.066)
str	−0.018	0.156*	−0.011
	(0.025)	(0.077)	(0.084)
pop	0.037***	0.299	0.053
	(0.006)	(0.225)	(0.219)
er	0.000	0.001	0.014**
	(0.002)	(0.001)	(0.007)
open	−0.004	0.030***	0.033***
	(0.004)	(0.008)	(0.009)
省份固定效应		控制	控制
年份固定效应			控制
样本量	330	330	330
R^2	0.742	0.847	0.886

注：括号内为稳健标准误

***、**、*分别代表 1%、5%、10%的显著水平

从表 8-4 中可以看出，三种不同模型设定下，数字金融发展水平（difi）对减污降碳协同治理水平（poca）的估计系数均显著为正，在双向固定效应回归下，数字金融发展水平每增加 1 个单位，减污降碳协同治理水平能够提升 0.002 个单位。这表明数字金融发展水平能够显著促进减污降碳协同治理水平的提升，会对减污降碳协同治理起到正向引导作用，与 H8-1 一致。而从控制变量来看，表 8-4 中的第（3）列显示，环境规制强度对减污降碳协同治理水平的估计系数在 5%的水平下显著为正，对外开放对减污降碳协同治理水平的估计系数在 1%的水平下显著为正，表明环境规制强度及对外开放程度的提升均能促进减污降碳协同治理。

8.3.2 数字金融影响减污降碳协同治理的结构异质性检验结果

数字普惠金融指数包含三个部分，分别为数字金融覆盖广度、数字金融使用深度和普惠金融数字化程度。数字金融覆盖广度主要衡量的是数字金融服务覆盖的人群和地域的广度，数字金融使用深度衡量的是数字金融服务实际使用情况，普惠金融数字化程度衡量的是数字金融服务的便捷性、低成本、普惠性。其中，数字金融覆盖广度和数字金融使用深度主要

体现了数字金融"普"的一面,普惠金融数字化程度则主要体现了数字金融"惠"的一面。表 8-5 汇报了数字普惠金融指数的三个子指数对减污降碳协同治理的影响。从表 8-5 中可以看出,数字金融覆盖广度对减污降碳协同治理的估计系数在 5%的水平下显著为正,且系数是三个回归系数中最大的。这说明数字金融覆盖广度的提升会正向促进减污降碳协同治理水平的提升,有利于减污降碳协同治理。数字金融使用深度对减污降碳协同治理的估计系数较小且不显著,表明数字金融使用深度对减污降碳协同治理没有显著影响。普惠金融数字化程度对减污降碳协同治理的估计系数在 10%的水平下显著,但系数仅为 0.000 49,说明普惠金融数字化程度的提升在一定程度上也有利于减污降碳协同治理,但是影响程度远不如数字金融覆盖广度。

表 8-5　数字金融对减污降碳协同治理的结构异质性影响回归结果

变量	(1)	(2)	(3)
	poca	poca	poca
gd	0.002**		
	(0.001)		
sd		0.001	
		(0.000 49)	
dgcd			0.000 49*
			(0.0002)
控制变量	控制	控制	控制
省份固定效应	控制	控制	控制
年份固定效应	控制	控制	控制
样本量	330	330	330
R^2	0.884 1	0.879 8	0.882

注:括号内为稳健标准误
**、*分别代表 5%、10%的显著水平

8.3.3　数字金融影响减污降碳协同治理的区域异质性检验结果

各地区温度、地理条件及经济发展水平不同,能源需求和结构普遍存在差异,这可能导致不同地区数字金融对减污降碳协同治理产生不同影响。按照东部、中部、西部和东北地区 4 个板块进行分区域回归,回归结果如表 8-6 所示。从表 8-6 中可以看出,数字金融发展水平对减污降碳协同治理水平的正向提升作用在中部、西部及东北地区显著为正,而在东部

地区不显著。这可能是因为中部、西部及东北地区粗放型企业较多，环保政策相对不够健全，减污降碳协同治理水平尚有较大的提升空间，故数字金融发展水平对减污降碳协同治理水平的估计系数在中部、西部及东北地区显著。东部地区经济发展基础好，环保政策较为健全，产业结构中第二产业占比较小，经济发展模式已逐渐向绿色经济转型，减污降碳协同治理水平整体较高，故数字金融发展水平对减污降碳协同治理水平的影响较弱（Lee and Lee，2022）。

表 8-6　数字金融对减污降碳协同治理水平的区域异质性影响回归结果

变量	东部	中部	西部	东北
	poca	poca	poca	poca
difi	0.000	0.003*	0.003*	0.007***
	(0.001)	(0.001)	(0.002)	(0.002)
pgdp	−0.152	0.058	0.168	0.055***
	(0.181)	(0.081)	(0.164)	(0.005)
str	−0.378**	0.104	0.088	−0.143***
	(0.188)	(0.091)	(0.154)	(0.028)
pop	−0.522	1.72***	−0.436	−0.981***
	(0.579)	(0.615)	(0.547)	(0.078)
er	0.011	0.009	0.001	−0.013***
	(0.009)	(0.01)	(0.013)	(0.004)
open	0.075***	0.013	0.016*	−0.008***
	(0.025)	(0.035)	(0.009)	(0.002)
省份固定效应	控制	控制	控制	控制
年份固定效应	控制	控制	控制	控制
样本量	110	66	121	33
R^2	0.9205	0.9748	0.8781	0.9768

注：括号内为稳健标准误
***、**、*分别代表 1%、5%、10%的显著水平

8.3.4　中介效应检验结果

本节针对 H8-2 和 H8-3，即绿色金融、技术创新对在数字金融与减污降碳协同治理水平之间的中介作用进行实证检验，检验结果如表 8-7 所示。

表 8-7 数字金融对减污降碳协同治理影响的中介效应检验结果

变量	(1)	(2)	(3)	(4)	(5)
	poca	gf	poca	tech	poca
difi	0.002**	0.001*	0.002*	0.001	0.002**
	(0.001)	(0.000)	(0.001)	(0.002)	(0.001)
gf			0.287**		
			(0.135)		
tech					0.039
					(0.039)
bootstrap 检验		0.000 110 2***		−0.000 069 6*	

注：括号内为稳健标准误

***、**、*分别代表 1%、5%、10%的显著水平

从表 8-7 中可以看出，第（1）列中数字金融发展水平对减污降碳协同治理水平的估计系数在 5%的水平上显著为正，故两个中介效应模型均按中介效应立论。首先，检验绿色金融的中介效应是否存在，第（2）列中数字金融发展水平对绿色金融发展水平的估计系数在 10%的水平上显著为正，第（3）列中绿色金融发展水平对减污降碳协同治理水平的估计系数为正且在 5%的水平上显著。由于 b_1 及 c_1 均显著，于是直接进行第四步，可以看出第（3）列中数字金融发展水平对减污降碳协同治理的估计系数在 10%的水平下显著，则直接效应也显著。由于 $b_1 \times c_1$ 与 a_1' 同号，于是数字金融发展水平对减污降碳协同治理水平的影响中存在绿色金融的部分中介效应，中介效应占总效应比重为 0.144。为了更进一步地检验中介效应的存在，此处进行了 bootstrap 检验并将结果汇报于表 8-7 中，可以看出检验结果在 1%的水平下显著，表明中介效应存在。这是因为数字金融发展水平中的数字技术、普惠性可以促进绿色金融发展水平的提升，缓解绿色企业的融资压力，推动绿色经济的发展，进而促进减污降碳协同治理，H8-2 得以证明。

其次，检验技术创新的中介效应是否存在。从表 8-7 可以看出，第（4）列中数字金融发展水平对技术创新的估计系数及第（5）列中技术创新对减污降碳协同治理水平的估计系数不显著。接下来进行 bootstrap 检验，检验结果在 10%的水平下显著，表明间接效应显著。第（5）列中数字金融发展水平对减污降碳协同治理水平的估计系数在 5%的水平下显著，则直接效应也显著。由于 $b_2 \times c_2$ 与 a_2' 同号，因此数字金融发展水平对减污降碳协同治理水平的影响中存在技术创新的部分中介效应，中介效应占总效

应比重为 0.020。数字金融的低门槛、低成本、高效率能够改善金融资源错配问题，为科技型中小企业提供更多融资方式，激励减污降碳技术创新（Feng et al.，2022），推动减污降碳协同治理，H8-3 得以证明。

8.4　数字金融对减污降碳协同治理影响效应的稳健性检验

8.4.1　内生性处理

由于数字金融发展水平与减污降碳协同治理之间可能存在互为因果的问题，同时目前数据所涉及的控制变量难以将所有减污降碳协同治理的影响因素囊括在内，故模型中可能存在内生性问题。核心解释变量选取合适的工具变量进行回归，是目前解决内生性问题的主要方法。本章借鉴黄群慧等（2019）的方法，用历史上邮电局所及邮电业务量作为工具变量，使用 2SLS（two stage least squares，两阶段最小二乘法）进行回归。由于历史上邮电局数量较多或邮电业务总量较大的地区后续的数字金融发展可能也较好；另外，历史上的数据对现阶段减污降碳协同治理的影响正在逐渐消失，故选取历史上邮电局数量及邮电业务总量数据作为工具变量，满足相关性和排他性的原则。2SLS 回归结果如表 8-8 所示。表 8-8 中的第（1）列为 2SLS 模型下，数字金融发展水平对减污降碳协同治理水平的回归结果，可以看出数字金融发展水平对减污降碳协同治理水平的估计系数在 10%的水平下显著为正，故工具变量法的回归结果与基准回归结果基本相符。对于弱工具变量问题，Kleibergen-Paap rk LM 统计量 p 值为0.005，显著拒绝原假设，即不存在弱工具变量，说明选取的工具变量具有合理性。

表 8-8　内生性处理及稳健性检验估计结果

变量	（1）	（2）	（3）
	poca	poca	poca
L.poca		0.070	
		(0.081)	
difi	0.005*	0.001***	0.003***
	(0.003)	(0.000)	(0.001)
pgdp	0.102**	0.066*	0.102
	(0.046)	(0.034)	(0.071)

变量	(1) poca	(2) poca	(3) poca
str	0.002	0.217***	0.016
	(0.063)	(0.061)	(0.086)
pop	−0.149	0.870***	−0.050
	(0.221)	(0.189)	(0.212)
er	0.013*	0.001	0.010
	(0.006)	(0.001)	(0.008)
open	0.025**	0.008	0.029***
	(0.010)	(0.008)	(0.009)
常数项	−0.865		−1.303
	(1.476)		(1.439)
Kleibergen-Paap rk LM 统计量	7.934 (0.005)		
一阶自相关检验		0.000	
二阶自相关检验		0.650	
Hansen 过度识别检验		0.607	

注：括号内为稳健标准误

***、**、*分别代表 1%、5%、10%的显著水平

8.4.2 稳健性检验

为确保数字金融能够促进减污降碳协同治理这一基准结论是稳健的可靠的，本章进行了以下稳健性检验。

1. 基于动态面板模型的稳健性检验

考虑到减污降碳协同治理存在较强的路径依赖，即当期的减污降碳协同治理水平可能受到前期减污降碳协同治理水平的影响，故将减污降碳协同治理变量的一阶滞后项纳入模型中，并利用系统 GMM 的方法进行动态面板回归，回归结果如表 8-8 中第（2）列所示。从表 8-8 中可以看出，一阶自相关检验和二阶自相关检验显示扰动项差分不存在二阶自相关，故接受"扰动项无自相关"的原假设，满足系统 GMM "扰动项不存在自相关"的要求。Hansen 过度识别检验结果显示，无法拒绝"所有工具变量都外生"的原假设。因此，系统 GMM 模型估计结果有效。从回归系数来看，数字金融发展水平对减污降碳协同治理水平的估计系数在 10%的水平下显著为正，与基准回归结果相符，表明基准回归的结果是稳健可靠的。

2. 剔除部分样本的稳健性检验

由于直辖市具有特殊行政地位,其在经济发展、环境质量等方面与其他省份可比性较小,故将北京、天津、上海、重庆四个直辖市的样本删除,仅保留 26 个省级行政区的样本进行重新回归。回归结果如表 8-8 的第(3)列所示。从表 8-8 中可以看出,剔除了直辖市样本后,数字金融发展水平对减污降碳协同治理水平的估计系数在 1% 的水平下显著为正,与基准回归结果相符,再次证明了数字金融能够正向引导减污降碳协同治理的观点是稳健可靠的。

8.5 本 章 小 结

本章运用双向固定效应模型和中介效应模型,验证了数字金融对减污降碳协同治理的正向引导作用及其机制路径。主要研究结论如下:第一,数字金融对减污降碳协同治理具有显著的正向引导作用,且在考虑内生性及其他一系列的稳健性检验后该结论依然成立。第二,数字金融对减污降碳协同治理的影响效应存在结构异质性及区域异质性,结构异质性具体表现为数字金融覆盖广度及普惠金融数字化程度都能显著促进减污降碳协同治理,其中数字金融覆盖广度对减污降碳协同治理的影响效应更大,数字金融使用深度对减污降碳协同治理的影响效应并不显著;区域异质性具体表现为中部、西部及东北地区的数字金融发展水平对减污降碳协同治理存在显著的促进作用,而东部则不显著。第三,绿色金融、技术创新在数字金融发展水平影响减污降碳协同治理水平的过程中充当中介角色,且均为正向引导。

第9章　数字经济赋能减污降碳协同治理的实践路径

数字经济赋予了生产要素、生产力和生产关系新的内涵并使其更有活力,也能够为协同推进减污降碳提供新思路、新方法和新路径。本章基于中国数字经济与减污降碳协同治理现状以及面临的突出问题,结合数字技术创新、数字产业化、产业数字化以及数字金融作用于减污降碳协同治理过程中揭示出的优势与不足、难点及痛点,从"锻长板、补短板""打通堵点、解决难点、消除痛点"多维度精准地提出以数字经济赋能减污降碳协同治理的路径选择和政策措施建议(图9-1)。

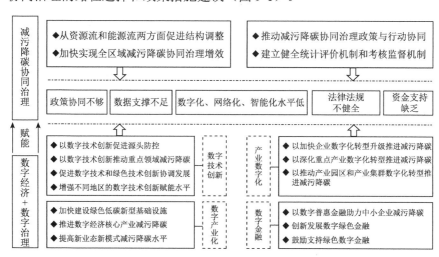

图 9-1　数字经济赋能减污降碳协同治理的总体思路

9.1　赋能对象:以系统谋划推进减污降碳协同治理

由于发展阶段及环境政策重点的差异,污染物排放和二氧化碳排放在治理过程中容易出现"按下葫芦浮起瓢"的现象,污染物减排与碳减排的协同治理效果不佳。为此,必须锚定减污降碳协同治理过程中面临的突出问题,制定实施一系列靶向性的政策措施,切实提高减污降碳协同治理能力。

9.1.1　减污降碳协同治理面临的突出问题

近年来,我国减污降碳协同增效取得了一定的进展,但同时也面临一些突出问题,主要表现在以下几个方面(李丽平等,2010)。

1. 政策协同不够

各地区依据不同路径进行减污降碳决策,地区间政策存在不协调现象。我国减污降碳协同治理工作起步较晚,认识不够到位和深入,缺乏对减污降碳这个一体两面的任务的深刻理解,协同治理理念、内涵的科学定义并不统一,地方政府不能完全理解中央政府的指导原则和措施,导致央地之间的理解偏差和信息不对称,以至于出现地方政府政策与中央政策不协调的现象。例如,对于焦炭是否可以作为煤炭压减指标,不同部门或不同层级政府制定的政策对此认定并不完全相同,类似情况可能并不利于改善能源消费结构,从而对国家层面减污降碳工作产生不利影响。这些现象可能导致上下级政府之间无法有效匹配政策目标,不同部门采取不同的规制政策来减污降碳,在不断升级和修补的过程中,污染治理政策没有顺利衔接。此外,"分散的"治理模式和"低效协调"问题也成为制约政策有效性的瓶颈。

2. 数据支撑不足

有些地区二氧化碳排放来源不明,致使考核困难;环境大数据来源较为复杂且多元,但并没有统一的格式和统计标准,这些问题导致了一系列数字化技术难题的出现,如数据收集和提取、有效集成、精炼统一等数字化技术创新瓶颈。而在计算碳源和碳汇时存在较多技术性和操作性难题,需要花费大量时间、精力、人力、物力和财力,因此,现有条件计算的二氧化碳排放量可能存在数据不准确等问题,难以让人取信。

3. 数字化、网络化、智能化水平低

这一现象主要表现在自上而下覆盖全国的支撑减污降碳协同治理的大数据平台尚未建立;数字技术创新对环境污染物和碳排放源头控制的支撑作用不够;交通、能源、建筑等减污降碳重点领域与数字化技术、网络化技术、智能化技术的有机融合不足;工业企业与数字企业的合作机制不畅通,导致智能制造与绿色制造未能形成强大合力;产业园区和产业集群数字化平台建设滞后,导致无法对减污降碳进行有效的综合管理。

4. 法律法规不健全

这一现象主要表现在缺乏污染物及二氧化碳排放执法的法律和政策

依据,对企业及其他社会主体的环境污染问题难以执法。在法律层面,我国始终强调立法先行的重要性,尽管政府部门已制定众多政策性文件来规范和引导减污降碳,但在专门立法方面仍存在空白,减污降碳顶层设计不够。此外,这类政策性文件大多是不同政府部门或者是地方政府发布的,多为宣传性和提倡性规范、意见、指导办法等,门类不够齐全,分布较为分散,而且政策效力较低,可操作性有限,尚未形成一套从上至下健全的减污降碳执法体系。最终导致二氧化碳排放无法可依,在执法和处罚时难以找到相应的法律依据,引发执法不严、难以执法等问题。

5. 资金支持缺乏

资金支持缺乏主要表现在缺乏应对气候变化的专项资金支持。宏观层面减污降碳任务缺少资金和政策支持,微观层面企业出于利润最大化的考虑,并不会主动投入环保资金。减污降碳涉及生产生活的各个领域,很多领域和部门都需要花费大量财力来持续推进减污降碳工作部署。由于缺少专门的气候变化防治资金,财税支持措施不足,减污降碳工作难以为继,很多污染防治工作难以开展,不仅降低了政府层面应对气候变化的能力,同时减弱了公众对于政府部门治理环境问题的信心。

9.1.2 增强减污降碳协同治理能力的总体建议

协同推进减污降碳是全面建设社会主义现代化国家新征程上必须长期坚持的重要任务,必须紧紧围绕美丽中国建设目标,站在人与自然和谐共生的高度谋划发展,坚持系统观念,以降碳为总抓手,完善重点领域、重点区域和关键环节的统筹协调机制,突出源头治理、系统治理、综合治理,促进经济、社会、生态环境整体效益发挥,实现经济高质量发展和生态环境高水平保护双赢。

1. 从资源流和能源流两方面促进结构调整

从资源流和能源流两方面入手,坚持节约资源和保护环境的基本国策,着力调整产业结构及改善能源结构。在减污资源流方面,保护不可再生资源,增殖可再生资源,实现废弃污染物的循环再利用;缩小重污染行业生产规模,实施严格的清洁生产标准,从源头减少污染物排放;提高重污染行业生产效率,淘汰落后产能,推动传统重污染行业向数字化新业态转型。在降碳能源流方面,保护并合理利用生态系统资源,充分发挥生态系统碳汇能力;调节能源结构,从源头上改变我国以燃煤为主的能源结构(戴静怡等,2023),鼓励使用可再生清洁能源,实现能源结构低碳化;

优化产业结构，推动技术创新，提高能源利用效率。

2. 加快实现全区域减污降碳协同治理增效

减污降碳是一个循序渐进的过程，同时环境污染、碳排放等都存在跨地区问题。因此，需要通过完善系统规划，加强地区间的减污降碳协同治理，缩小地区间复合系统协同度水平差距，加快实现全区域减污降碳协同治理增效。充分发挥"三线一单"减污降碳协同管控试点地区的带头示范作用，为推动我国全域减污降碳协同管控积累经验；结合地区自然资源禀赋、能源结构、产业结构特点，打破行业间、领域间的壁垒（曹宏斌等，2023），因地制宜选择具有地区特色的减污降碳协同治理路径；在尊重不同地区协同水平差异的基础上，举办减污降碳相关交流活动，以便各地方政府互相学习借鉴，加强地区间低碳环保技术合作交流，实现区域间减污降碳治理协作共赢。

3. 推动减污降碳协同治理政策与行动协同

减污降碳对传统污染防治政策系统存在路径依赖（孙雪妍等，2023），为此，需要构建减污降碳协同治理的法律和政策体系，加强减污降碳协同治理政策创新，加快建立减污降碳标准制度体系，实现政策与行动的协同（王学栋和王梦科，2024）。在政策制定方面，探索推动碳排放交易与排污权交易融合，增加对清洁生产能源使用过程和生产产品的补贴。在标准制度体系方面，在已有的生态环境标准体系框架下，增加二氧化碳等温室气体排放的核算，构建并完善减污降碳协同标准体系。在政策与行为协同方面，鼓励企业进行清洁生产、减少高碳能源消费、优化产业结构、加大绿色技术创新资金投入等的同时，出台政策建设完善全国碳排放权交易市场、强化应对气候变化资金支持等，以实现减污降碳协同政策与行为的匹配，提高协同治理的成本效益。

4. 建立健全统计评价机制和考核监督机制

首先，要完善相关统计监测体系。例如，在环境统计工作中，重视气候变化带来的威胁，注重碳排放来源及数量的调查统计并将其纳入生态环境监测体系中，在生态环保督察的过程中核实"双碳"目标的落实情况。为此，需要提高政府部门运用互联网、云计算、大数据等智能化方式对生态环境和碳排放进行统计调查、评价管理、监测监管和督察考核的能力，通过数字化技术全面提高治理效能。其次，要创新综合评价机制。要建立完善数字化综合监测和评价体系来反向倒逼减污降碳协同增效。可以分阶段、分步骤探索构建涵盖碳排放、污染物排放、能源利用、协同增效的减污降碳协同发展综合评价体系,建立健全相关计量测试、数智化管理平台和数据报送制度,通过试点试验不断完善评价指标体系和评价方式方法,定期发布减污降碳协同发展评价报告,以评价考核为抓手,引导各地方、各部门加快形成长效协同机制。另外,鼓励各省区市、县(市、区)、园区、企业等不同层级参照国家评价体系,建立特色化减污降碳协同度评价体系,开展定期评价,强化结果运用,充分发挥协同度目标的关键指引作用。此外还需要健全考核监督机制,可将碳达峰与碳中和目标任务落实情况等纳入中央和省级生态环境保护督察范畴,同时加快推动将各领域协同控制温室气体排放目标完成情况作为重要内容纳入生态环境和经济社会发展相关考核。

9.2　赋能基础:规范健康可持续发展数字经济

在数字经济发展战略贯彻执行的过程中,我国数字基础设施建设日趋完善,数字产业化和产业数字化发展迅速,政府政务也日益形成数字化管理,极大地促进了经济高质量发展。但与此同时,数字经济发展还面临一些突出问题,主要是关键领域数字科技创新不够、未能掌握产业链供应链主导权、数字人才有效供给不足、数字鸿沟尚未有效弥合、数据资源价值潜力未能充分释放、数字经济治理体系有待进一步完善等,需要规范健康可持续发展数字经济。

9.2.1　数字经济发展面临的突出问题

1. 关键领域数字科技创新不够

关键技术在国家技术和经济发展中的作用不容忽视。目前我国数字技术核心领域受制于人的局面尚未完全改变,在基础研究和原始创新能力方面均较为欠缺,在核心技术等关键领域方面受制于人的局面未能有效解决,例如,量子计算等前沿领域以及 CPU、光刻机等集成电路领域的基础架构、理论模型及研究基础均较为薄弱(张越和王晓明,2021)。造成上述问题的主要原因包括:一是健全数字科技领域发展缺乏整体统筹,数字技术创新生态不够完善,市场导向的数字技术创新体系有待健全,创新协同机制有待进一步完善;二是数字科技创新投入效率低,存在多头投入、重复投入,但对虚拟现实、石墨烯等前沿领域有效投入不足的问题;三是数字科技成果有效转化率低,数字技术应用场景建设不足导致研发与应用环节脱节。

2. 未能掌握产业链供应链主导权

可持续地发展数字经济，强化对产业链、供应链的主导权，只有充分发挥数字经济龙头企业在创新引领、产业协同、技术迭代和营销网络等方面的核心作用，才能打造更完整、附加值更高的、更具有竞争力的产业链体系。但是目前我国数字经济产业链供应链受制于人的局面尚未得到根本改变（谢康和肖静华，2022）。例如，集成电路这种技术密集型行业较依赖于进口，发明专利比例低于欧美等发达国家，凸显我国高端技术行业创新能力不足。工业机器人在设计、制造、智能技术等方面与发达国家差距较大，缺乏原创性成果，创新理念滞后。关键技术和主要零部件的生产技术也未能全面掌握，由此造成产业链、供应链受人掣肘，高端技术需求与供给不吻合，国际话语权较少。

3. 数字人才有效供给不足

数字经济需要与大数据、云计算、区块链技术、人工智能等尖端数字技术相结合，这对信息技术行业内人力资本素质要求较高，而我国数字化转型起步较晚等现实背景导致数字人才供应不足，从而在一定程度上制约我国数字经济发展。新兴产业数字技术人才供给难以满足我国当前巨大的数字经济体量，加之新兴行业和产业不断涌现，引致数字人才供需失衡，人才规模和素质不能满足数字经济快速发展的现实需要。在此背景下，我国数字经济发展正面临高端人才短缺的困境。一方面，不同于传统行业，大数据、云计算等新兴技术产业对人的技能、操作、专业知识等具有更高的要求，而我国拥有高端数字技能的人才数量不多，人才储备能力较差，人才储备尚未完成从传统行业到新兴行业的过渡和转换，且以往从事传统行业的人才也很难在短期内掌握新兴数字化技术。另一方面，面对席卷全球的数字经济浪潮，我国传统行业从教者专业化水平不够高，其掌握的知识和技能并不足以培养出优秀全能的新兴数字人才，同时，盈利企业也忽视了对数字人才的技能培训。

4. 数字鸿沟尚未有效弥合

数字鸿沟成为数字经济向更高质量发展的一个重大阻碍，在面对区域发展不平衡的情况下，由数字鸿沟引致的各种经济障碍愈发明显。数字鸿沟表现出多种不同的形态，微观的个人、企业层面、中观行业和群体层面、宏观区域层面的数字鸿沟各有其特点，不同群体、不同区域的主体在数字信息获取能力、分析数字资源等方面有较大差距（吴静和张凤，2022）。

例如，我们在生活中所能经常观察到的，数字鸿沟在年龄差异间的表现，年轻人学习能力强，能够快速掌握移动支付、健康码出行等数字技术；而老年人则由于观念、身体机能等众多原因，成为数字经济高速发展下的数字弱势群体。

5. 数据资源价值潜力未能充分释放

数据是数字经济发展最为关键的生产要素，我国潜在数据资源丰富，但数据资源的开发利用水平还处于初级阶段，数据资源价值潜力还没有充分释放，在经济社会发展中的作用尚未有效发挥。造成这一问题的主要原因包括：数据资源权属不清、数据资源开放率低、数据交易市场尚不健全、数据保护制度建设滞后、数据相关的法律法规及数据流通体系尚不健全等（任保平等，2022）。

6. 数字经济治理体系有待进一步完善

数字经济尚未形成完备的治理体系（李伟，2023），不成熟的治理体系在实施过程中可能会导致严重后果，现有数字经济治理体系仍然存在不少亟须解决的问题，主要表现在：当前对于数字经济的规范主要还是以政府为主导的分部门监管，相关的监管理念和监管模式更新与新经济形态发展变化之间仍存在一定的滞后性；法律、监管、公众三位一体的数字经济治理体系不完善，治理原则还不明晰；以政府为主导的数字经济多元参与治理体系还在探索中；数据安全体系、信息基础设施保护体系有待健全，数字经济法治体系还比较粗糙，具体到行业部门较为详细的立法框架还未全面搭建。

9.2.2　推进数字经济规范健康可持续发展的策略

1. 加强数字科技创新力度

以增强数字科技关联性、耦合性和互动性为目标,通过强化战略导向、完善创新体系、优化产业生态、强化政策保障等统筹谋划、整体推进数字科技创新,运用"技术融合—产业融合—企业融合—生态融合"的系统性思维，促进数字经济与实体经济深度融合（洪银兴和任保平，2023）。一是研究制定围绕数字科技创新的国家顶层战略规划体系。紧密围绕数字技术基础和通用技术、非对称技术、"杀手锏"技术、前沿技术、颠覆技术，夯实基础，超前布局，重点支持企业开展 3D 引擎、增强现实、虚拟现实、脑机协作、物联网等技术创新，着力打通数字技术创新链和产业链，引导科技资源要素向数字科技领域倾斜和布局，提高数字科技创新投入质效，形成围绕数字科技创新整体战略规划,前瞻部署元宇宙、6G(6th-generation mobile communication technology,第六代移动通信技术)通信、第三代半导体和量子计算等领域。二是加强数字科技创新体系建设。进一步建立完善以企业为主导的政产学研用紧密合作的数字科技创新体系,以更加完善的科技成果转移转化机制提高数字科技成果的有效转化率,不断加强数字科技领域的重大创新条件平台建设、新型研发机构建设和产学研创新共同体建设。三是构建数字经济差异化发展战略。根据我国当前数字经济技术特征制定关键核心技术突破战略,根据不同的战略目标和需求,制定差异化的实施策略,例如在明确战略内涵和要求基础上实施持续领先战略、竞争优势战略、集中突破战略和候补替代战略等(李伟,2023)。重点是要保持具有明显优势的 5G 等技术领域的发展,持续发展人工智能等领域以保持竞争优势,集中突破涉及产业安全和国家安全的数字技术领域,同时关注安全风险相对较低的落后技术领域。四是面向应用,加强数字基础设施建设,强化数字科技底层支撑。在数字经济核心产业四个组成部分中,数字化基础设施增速最慢,为此,需要加快智能化数字基础设施、通信网络基础设施、存储基础设施、新技术基础设施、算力基础设施等新型基础设施建设进度,持续培育丰富数字新基建应用场景(张越和王晓明,2021)。

2. 提升数字经济产业链供应链稳定性和竞争力

提升数字经济产业链供应链稳定性和竞争力,是构建经济发展新优势的坚实基础。提升产业链供应链稳定性及提升企业竞争力必须注重规模经济、成本优势、技术水平三大因素。为此,除了加强数字科技创新力度以外,还要推动数字经济新模式、新业态的发展,通过培育壮大数字经济新兴产业,通过规模经济获得成本优势。为此,就要摸清数字经济核心产业实际规模状况。需要建立统一的数字经济核心产业规模核算统计准则(陈晓红等,2022)。由于数据资料的缺失、核算方法的不一致等问题,目前尚未有官方统一统计核算方法。为了能真实、清晰地反映我国数字经济核心产业发展的实际情况,必须在数字经济核心产业数据采集、统计、数据库建设、数据共享、核算方法等方面确立起统一的制度准则。同时,还需要及时跟进当前经济社会动态发展和国内外最新相关研究进展,不断完善数字经济及其核心产业统计分类和统计制度准则,使数字经济核心产业的核算结果具有科学性、真实性和可比性。此外,还应推进数字技术与实体经济深度融合(田秀娟和李睿,2022),深度推进数字技术与制造业融合,强化新一代信息产业体系化发展,打造国际先进的网络、计算、感知、存储、安全等自主产业生态，重点推动工业互联网业态加速发展。纵深推进服务业数字化转型，支持数字技术与生活性服务业线上线下的深度融合，引导共享经济新模式健康发展。拓展数字经济在农业中的运用，推进农产品质量安全，以及种植、畜牧兽医、渔业渔政、种业、农田建设等的信息化与智慧化，推动农业农村服务的数字化转型。

3. 加大数字人才培养力度

数字技术与实体经济的有机融合，离不开熟练运用数字技术的专业化创新型人才，为此，需要建立健全立体化链条式的数字人才培养体系。一是从总体上提升全民数字素养和技能，通过开放公共数字资源等方式，提高面向社会大众的高质量数字资源有效供给，针对中小学生、老年人、残障人士，出台分门别类的细化举措，全面提高数字技术应用能力。二是重点支持高校科研院所加强专业人才培养。鼓励企业与高校科研院所通过产学研合作，联合建立数字经济实验室、产业学院、实习实训基地，创新人才培养模式，提高应用型和实践型人才培养质量。三是注重高水平复合型数字经济教学科研师资力量的培育。进一步完善数字经济领域人才评价、选用和激励机制，着力培育一批基础理论功底扎实、具有较强研发能力和应用能力的创新人才和团队。

4. 促进区域数字经济协调发展

数字经济发展的区域差异主要表现为各区域的数字经济发展不平衡不协调，处于不同的发展阶段。根据前文对区域间数字经济核心产业差异值的分析，我国东部地区与西部、东北地区的差异仍然巨大，数字鸿沟明显，且主要差异源自数字经济基础设施建设相对落后、数字技术应用及服务能力不强两个方面，为此，一方面，要推进东部数字经济先进地区的发展经验和创新模式向相对落后地区的辐射，促进数字设备、数字技术产品和服务、数字人才等数字化生产要素的跨区域自由流动，进一步促进东部地区与西部、东北地区的产业合作和平台对接。另一方面，要支持各个区域基于要素资源禀赋、产业基础和创新条件，深刻认识各地区发展数字经济的优势与短板，因地制宜，科学制定差异化的数字经济发展规划，补齐数字基础设施建设短板，立足当地实际发展特色数字经济产业。

5. 统筹数据资源开发利用与数据安全

一方面，探索数据流通交易机制及配套建设，推动数据安全有序流通，充分释放数据要素价值。加快数据交易场所及配套机构建设，建立行业认可的数据资源确权、流通、交易、定价、应用开发规则和机制化运营流程，建立区域间数据汇集、流通、交易机制,适时探索数据要素跨境流通,共建数据要素一体化大市场。探索建立数据生产要素会计核算制度,推动数据生产要素资本化核算,支持开展数据入股、数据信贷、数据信托和数据资产证券化等数字经济业态创新。培育和引进一批数据商和社会性数据经纪机构,重点面向高端制造业和现代服务业开展数据咨询、托管、评估、审计的服务,对数据经纪人加强监管,提高数据经纪人的准入门槛,建立完善的资格认证和管理制度,规范其执业行为。另一方面,建立健全数据安全保护机制,提升数据治理水平,建立完善数字经济安全风险预警和防范机制。建立以政府为主导、涵盖各经济主体的数据分类分级保护制度,研究落实网络安全工作责任制,落实情况考核评价实施细则,研究制定网络安全通报、约谈、问责实施流程。健全数据隐私保护和安全审查制度,建立数据安全风险审查评估机制,利用数字技术构建安全保障体系。完善数据安全技术体系。加快网络安全众测平台等重点项目建设,支持网络安全人才与创新基地建设,推动信息安全与隐私保护、数据分析挖掘等数据衍生产业发展、人才培养和技术研发。

6. 构建多元参与的数字经济治理体系

传统政府监管已不适应对数字经济的治理,因此要发挥数字经济治理体系的改革牵引作用,着力解决"治理主体是谁""治理主体间关系""用什么方法治理""保障治理有效运转"等问题(中国信息通信研究院,2022)。一是促进监管和治理的有效协同。监管和治理的逻辑、对象、具体的方式方法和手段都不同,但对规范数字经济发展具有同等的重要性。重点是要进一步明晰主管部门和监管机构的职责,明确监管范围和统一规则,特别是要加强跨部门、跨区域、跨层级监管的分工与合作,探索开展跨场景、跨业务、跨部门联合监管。通过不断优化数字经济营商环境,强化以信用为基础的数字经济市场监管,释放数字经济市场主体活力。二是增强政府数字化治理能力。鼓励支持政府部门基于现代信息技术从信息化、智能化两方面来创新政府治理模式,促进数据的流通共享及决策的共商共治,在具体路径上重点建立政府数据治理机制,提升政府数据管理能力,建立部门协同联动机制,有效推进政府数字化转型,建立政府数字化实施评估机制,提升政府标准化治理能力,制定数字政府建设规范,加强对地方数字政府建设的分类指导(任保平等,2022)。三是完善多元共治新格局。数字经济设计的主体多元且复杂,包括政府、平台、企业、行业组织和社会公众等。为此,要强化平台治理,加强平台数据安全和隐私保护，防范平台潜在风险，重点解决平台经济中的数据收集隐蔽化与过度化、数据产权化和资源化、数据利用不透明和黑箱化、数据安全等问题给传统治理带来的挑战；引导行业自律，引导数字经济领域的行业协会出台相关标准规范和自律公约，依法依规保护数字经济企业合法权益；完善社会参与机制，畅通多元主体诉求表达、权益保障渠道，支持各类主体通过一定渠道和方式表达诉求；建立类似于产权体系的数权体系，设立专门的数据法院提供司法救济，用于审理数据流动和利用中的诉讼（张文魁，2022）。

9.3　减污降碳协同治理的数字技术创新赋能路径

减污与降碳工作必须以科学性、系统化、可持续发展的方式进行推进落实，而数字技术手段能以其互联互通、有效协作的特点发挥作用，数字技术通过对线上、线下、前端、后端等的有效整合，构建起"生产—运输—消费—回收"的全产业链，从而提升环境资源开发利用、污染物减排管理等环节的运作效率，为形成减污降碳多方协同机制提供了科技保障。

9.3.1　以数字技术创新促进源头防控

《减污降碳协同增效实施方案》（环综合〔2022〕42号）明确指出，要遵循减污降碳内在规律，加强源头防控，强化生态环境分区管控、加强生态环境准入管理、推动能源绿色低碳转型、加快形成绿色生活方式，围绕上述环境污染物和碳排放源头防控的重点，数字技术创新都可以发挥重要的驱动作用。

一是推进生态环境分区管控体系数字化。《"十四五"国家信息化规划》中提出"打造智慧高效的生态环境数字化治理体系。提升生态环境智慧监测监管水平……支撑精准治污、科学治污、依法治污"。因此，需要加快对生态空间明确管理的空间边界，因地制宜地提出保护要求，落实管控任务，不断提升智能化、现代化治理水平。例如，2020年，厦门市充分运用大数据算法等数字技术手段打造的"三线一单"应用系统，为全国推进数字化生态环境分区控制体系建设提供参考：利用大数据技术优先推进"多规合一"体系建设和改革，打好统筹实施、动态管理的基础，利用数字可视化技术对管控区域数据进行图层转换并建立管控单元，建立实现数字同步、共享共用，项目信息互联互通，实现业务协同互为支撑，一张网审批、一张网统管，提高生态环境治理效率，实现减污降碳协同治理。

二是提高生态环境准入管理智能化水平。2021年生态环境部提出要推进实施"三线一单"生态环境分区管控制度,完善环境准入领域的实施应用机制,依托数据共享和应用系统提升生态环境治理效能。因此,需要大力推广"三线一单"数字应用平台,利用大数据、云计算等联通全国环保验收系统、污染源普查数据等,通过海量数据集成与特定算法的支持,搭建生态环境准入的数字化应用并向部门、企业、公众进行推广,实现对生态环境准入标准进行快速、准确的研判,通过利用先进的数字技术大大提升准入管理效率,严防严控污染企业的发展,从生产端抑制污染物和碳排放。

三是加快发展能源系统数字化智能化技术。2021 年发布的《"十四五"能源领域科技创新规划》中强调以数字化智能化技术为底座支撑能源科技创新发展。可见,以数字技术赋能能源体系,是未来能源系统建设发展的方向,要利用能源大数据、人工智能、物联网等新兴数字技术深度融入煤炭、油气、电网等传统产业,加快建设能源互联网,促进能源网络的互联化、数字化和智能化协同,鼓励研发数字化、智能化的清洁高效化石能源技术和设备,在传统行业中大力推广数字化先进理念,利用数字技术打造绿色低碳的能源系统。在全国范围内开展各类能源工厂、地区智能能源系统的综合试点示范,引导能源产业转型发展。鼓励高校院所大力培养既懂数字技术又懂能源行业管理的复合型人才。

四是发挥数字技术创新在促进绿色生活消费中的作用。《"美丽中国,我是行动者"提升公民生态文明意识行动计划(2021—2025 年)》明确指出,"结合移动互联网和大数据技术,建立和完善绿色生活激励回馈机制,推动绿色生活方式成为公众的主动自觉选择"。为此,要用数字化实现消费端减污降碳,推动形成可持续的数字化绿色消费方式。企业通过数字技术为消费者提供绿色服务、搭建绿色消费平台、推广绿色消费观念、提升大众的绿色消费参与度。协调推进绿色社区与智慧社区建设。利用互联网手段提高公众选择绿色低碳出行方式的便捷性等。

9.3.2　以数字技术创新推动重点领域减污降碳

一是依托数字技术创新推动交通绿色低碳转型。加快综合交通运输的数字转型和智慧升级,统筹推进综合交通运输信息平台建设,夯实交通新基建数字底座,构建交通大数据共享开放体系,培育数字交通新业态新模式,推动智慧交通、数字交通与绿色低碳交通的融合发展。重点加强人工智能技术、"交通测序"系统技术、虚拟仿真技术、大数据技术、增强现实实景指挥作战系统等在智能驾驶、智慧道路、智慧停车、智慧公交、智慧枢纽等领域的深化应用。

二是依托数字技术创新推进绿色低碳城市建设,驱动城市由低碳走向零碳,着力打造智慧绿色低碳城市。将智慧城市与绿色低碳城市建设有机结合,在新型智慧城市建设过程中更加注重"云端网"的基础设施体系,同时在智慧中枢和智慧应用方面增加减污降碳相关的重点内容,通过数字化全面赋能,推进减污降碳协同增效。具体可采纳的举措包括:引入智能技术,对城市的用水、能源、土地等进行科学化规划与管理,提高城市基础设施水平和城市系统自我调控能力。建立万物互联、数据互通,大数据和人工智能技术与城市发展相结合的绿色低碳数字城市平台。构建城市碳排放的数据基础体系和感知网络,包括在线监测平台、数据分析系统、智能调节系统等。建立高效、便捷、规范的城市碳交易和排污权交易数字管理服务体系。研究绿色建筑的数字技术解决方案,将数字技术运用于城市建筑全生命周期。构建无废城市数字化绿色运营体系,形成数字化无废工厂、数字化无废工地、数字化无废矿山、数字化无废医院、数字化无废园区、数字化无废景区、数字化无废乡村、数字化无废社区、数字化无废学校等多种类型。

三是依托数字技术创新推进生态建设协同增效,提升生态系统碳汇和净化功能。重点推动数字技术在国土绿化、生态保护监管、土地利用变化管理、森林可持续经营、生态环境修复与综合治理、生物多样性保护、生态系统质量监测中的具体应用。例如,运用大数据、物联网、智能决策等技术,构建森林资源的数字化监控系统,对森林进行资源动态监测;推进碳捕获利用与封存技术、生物能源等与数字技术融合,推动可视化模拟、物联网、数字孪生等技术在碳足迹监测、碳排放量测定等领域的应用。

9.3.3　促进数字技术和绿色技术创新协调发展

与土地、资本、人口等边际效益逐渐下降的传统生产要素相比,新一代的数字技术正逐渐成为推动绿色科技创新的新生力量。数字技术创新与绿色技术创新的协调发展,一方面,要利用数字技术提高绿色技术创新效率,促进数字技术设施间的相互连通,更好地满足企业、消费者对绿色技术产品和服务的需求。当前,工业、建筑、交通等重点部门减污降碳关键技术需求各异,例如,工业领域减污降碳急需钢铁、建材等高污染行业先进的减排技术,高效工业锅炉,废气余热余压利用技术等;交通领域急需燃料电池、轨道交通技术等;建筑领域急需中央空调系统用风机水泵采用的变频调速技术、先进采暖和制冷技术等。在重点行业研发排污技术、资源循环利用技术、低碳零碳负碳技术、深度脱碳技术等减污降碳技术过程中，就需要充分借助人工智能、大数据等数字化技术与减污降碳技术的有机融合和相互促进，重点关注有色、化工、钢铁、建材等重点行业急需重点突破的减污降碳协同治理技术，针对跨行业的耦合集成技术，加快绿色技术研发进程，提高绿色技术产品和服务质量。另一方面，需要鼓励数字技术企业积极履行社会责任，将绿色低碳作为企业文化的底色，作为企业长远可持续发展的目标导向，在创新过程中尽量减少环境污染和资源能源消耗，提高资源能源利用率。

9.3.4　增强不同地区的数字技术创新赋能水平

数字技术创新赋能减污降碳协同治理存在明显的区域差异。目前在我国不同地区、不同行业甚至是不同企业之间都存在着显著的数字鸿沟问题，受制于数字技术创新的资金投入、人才储备等创新环境限制，发展落后的地区和企业往往因为能力不足而缺乏数字技术创新的意愿，也就无法发挥数字技术创新的环保效益，影响了这部分地区或企业利用数字技术创新进行减污降碳协同治理的进程。此外，我国不同地区政策、创新资源禀赋以及发展背景都存在较大的差距，导致数字技术在不同地区发挥的减污降碳协同治理效用也不同，若是无差别地大力发展数字技术创新进行减污降碳协同治理，可能会在部分地区出现"事倍功半"的现象，不利于高效推进减污降碳协同治理。为此，一方面，对于数字技术创新水平高的地区而言，需要充分发挥数字技术对减污降碳协同治理的影响效应，加快推进数字技术助力绿色转型；对于数字技术创新水平较低的地区而言，需要优化顶层设计，结合应用、产业发展需求优化新型基础设施建设布局，提升数字技术创新水平，激发这部分地区数字技术创新促进减污降碳协同治理的潜能。另一方面，创新资源禀赋差异造成了不同数字技术创新水平的差距，政府要因地制宜、因企施策，立足于当地的创新资源禀赋、产业结构和发展规划，在全国数字技术发展的整体框架下发挥差异化优势，利用当地的优势技术打造多维技术创新结构，共同赋能减污降碳协同治理。

9.4　减污降碳协同治理的数字产业化赋能路径

以数字产业化赋能减污降碳协同治理，关键是要加快建设绿色低碳的新型基础设施，减少数字产业化本身对环境造成的破坏和能耗消耗，同时，推进数字经济核心产业和新业态新模式减污降碳。

9.4.1　加快建设绿色低碳新型基础设施

数字基础设施可以通过影响产业创新、市场化进而赋能产业链和供应链高质量发展（方福前等，2023），但是也应当看到数字基础设施建设和使用可能导致的能源回弹问题。数据中心等新型基础设施是技术密集型产业，节能减碳难度较大，需要从规划、设计、建设、运维等方面，以《贯彻落实碳达峰碳中和目标要求　推动数据中心和 5G 等新型基础设施绿色高质量发展实施方案》（发改高技〔2021〕1742 号）为指引，推动新型绿色低碳技术落地应用，促进绿色基础设施建设低碳发展。一是优化新型基础设施统筹布局。优化数据中心选址，引导各地方将数据中心优先布局在国家枢纽节点数据中心集群范围内，将东部算力有序引导至可再生能源富集、冷凉气候资源丰富的西部地区，在市政、交通等基础设施规划建设中同步布局 5G 网络。二是提高算力效能。推动老旧高耗能设备退网和升级改造，支持基础电信运行企业强化资源复用，加强数据中心的节能降碳改造。三是创新减污节能技术，优化节能模式。鼓励支持数据中心使用高效环保节能技术和智能化手段减少环境污染、降低能耗，加快节能 5G 基站推广应用，引导数据中心和 5G 网络管理中应用数字科技，加强智能化管理。四是提高绿色能源利用率。促进对数据中心的节能利用，加强对可再生能源的就近消纳，对 5G 和可再生能源的分布进行统筹规划。

9.4.2　推进数字经济核心产业减污降碳

数字技术能够大幅提高生产力，有助于其他行业节能减排，但与此同时，数字产业也会带来一定的能耗增加和碳排放（Pradhan et al.，2020）。例如，信息通信技术产业的数据中心、信息通信网络、终端设备是产生能源消耗的主要方面，根据华为瑞典研究院的计算，全球信息通信技术行业的能耗到 2030 年预计最高将增长 61%，达到约 3.2 万亿千瓦时。综合数字技术和数字经济产业两方面的影响，推进数字经济核心产业减污降碳，一方面，要降低产业自身能耗。电子信息制造业、电信业、互联网产业等相关企业要结合实际制订绿色低碳发展的具体路径方案，将减污降碳作为企业可持续发展战略框架的重要组成部分，从共建共享、深化节能技术应用、建立绿色生态供应链、建立碳排放机制等方面，加强绿色运营和能源管理，提高绿色技术创新能力，同时要吸引客户与消费者、供应商与合作伙伴、政府、社区等更多利益相关方参与减污降碳。另一方面，要赋能其他行业减污降碳。加快研发和推广绿色低碳数字技术，加强面向减污降碳多元化应用场景的技术融合与产品创新，为其他行业提供更多的高性价比的技术解决方案，开展面向绿色低碳技术应用的平台化、定制化、轻量化服务模式创新和商业模式创新，赋能数智生产和生活，拓展各行业信息化解决方案，促进社会治理、生产生活方式向低碳转型。此外，前瞻性布局"元宇宙+碳中和""元宇宙+减污降碳"，依托产业元宇宙助力监测减污降碳，加速实现减污降碳收益。

9.4.3　提高新业态新模式减污降碳水平

在线教育、线上办公、共享生活、共享生产、共享生产资料、互联网医疗、无人经济等数字经济新业态新模式是以数据要素价值转换为核心，以多元化、多样化、个性化为方向，通过产业要素重组和整合，形成新的商业形态、业务环节、产业组织和价值链条。具有数字化程度高、生产周期短、消费门槛低的特点，一般是资源节约型和环境友好型的绿色经济（王琼洁和高婴劢，2020）。但是，我们也需要重视这些新业态新模式可能对环境造成的污染以及资源能源消耗问题。例如，作为共享经济的代表——共享单车，在其生产和使用过程中都会造成环境污染，共享单车生产过程的制造环节涉及原材料的冲压、焊接、烤漆、打磨等工艺过程，这一过程中会产生大量工业废气、废水和固体废弃物，同时还会排放二氧化碳，并且共享单车供应链上企业环境违规行为屡见不鲜，也一直被公众所诟病。此外，在使用过程中，共享单车在发展初期，因管理不当、缺乏运维投入等原因，车辆损坏严重，增加了维修成本，车辆归还不到位，浪费了大量的人力物力，回收不当、回收量少、回收价格低、锂锰电池回收难等导致共享单车回收过程中产生了大量废弃金属和塑料橡胶材料等。由此可见，以数字技术驱动的新业态新模式也同样需要探索减污降碳的新路径，要将绿色环保理念融入整个业态，提高公众参与环境的便捷性；鼓励和支持相关企业实行全生命周期绿色闭环管理，利用云技术等数字技术构建弹性灵活、安全可靠、绿色环保的绿色供应链，以最大化利用各方资源，降低资源消耗，提高资源利用率，节省成本的同时增强可持续发展能力，更好地应对环境和气候变化所带来的挑战。

9.5　减污降碳协同治理的产业数字化赋能路径

产业数字化是资源与能力解耦，能力与业务解耦的过程（图 9-2），以产业数字化赋能减污降碳协同治理，关键的路径之一就是推进传统产业的数字化转型，推动如大数据、人工智能、云计算等数字技术在传统产业中的应用，系统地提升能源和资源利用效率，实现废弃物循环再利用。

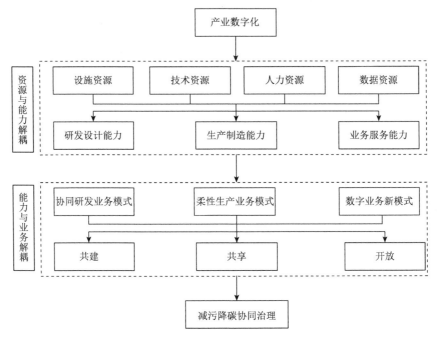

图 9-2 产业数字化赋能减污降碳协同治理运行体系

资料来源：根据《2021 年中国制造业数字化转型白皮书》修改绘制

9.5.1 以加快企业数字化转型升级推进减污降碳

一是鼓励企业通过数字技术加大节能低碳的创新研发投入，在工艺改进、节能增效、能源替代、综合治理措施中广泛应用数字化技术，利用数字技术提高能源、资源、环境管理水平，实现机器与机器、机器与人之间的有效信息交流，为绿色智能化的生产流程优化闭环搭建起数据双向流通通道。二是要强化产业链中各行业间的协作融合，建立信息共享、网络互联、平台互通的数字化创新系统，降低产品在生产环节的资源能源消耗和消费环节的环境污染排放。三是推进工业企业与数字企业开展绿色数字合作，建立高效、协同、互利的业务合作模式，共同制订更具有针对性和推广应用价值的绿色低碳转型方案。四是打造一批数字化"双近零"排放标杆企业，对在利用大数据开展企业碳排放数字化检测与管理、通过优化系统设计降低单体设施环境污染物和碳排放、打造数字化循环经济平台等方面表现突出的企业给予一定的奖励或财政补贴。

9.5.2　以深化重点产业数字化转型推进减污降碳

一是以推进工业数字化转型推进减污降碳。目前我国高碳行业如有色金属冶炼、钢铁、无机化工、水泥建材、燃煤火电等,体量大、渗透深、覆盖宽,在减污降碳方面都面临一些问题和挑战,例如火电行业普遍存在低参数燃煤机组占比较大的问题;钢铁行业部分企业设备陈旧,生产工艺和管理水平简单粗放,绿色低碳化改造难度较大;化工行业生产综合能耗较高;有色金属行业固体废物资源化循环再利用率较低等。因此,相较于其他产业,需要更加注重数字化技术对工业循环经济和绿色低碳发展的引领、改造、提升作用。结合国家对工业领域的减污降碳协同增效目标要求,在工业数字化转型过程中,重点推动煤炭、钢铁、水泥等传统行业的智能化转型,以数字技术推动工业生产方式的绿色精益化、工业管理的绿色智慧化和工业资源循环的绿色高效化;建立覆盖"回收、处理、再利用"的全链条数字化体系,强化国家级再循环产业大数据平台建设,建立智能、高效、可追溯的循环经济闭环体系,实现全行业的数据共享、综合监管、可追溯;推进"工业互联网+绿色制造",培育一批具有智能制造、个性化定制特点的新产业新业态;利用数字化技术建立重点行业减污降碳动态评估长效机制,建立全流程信息化管理与评价平台。

二是以推进服务业数字化转型推进减污降碳。要在文旅、商业、酒店、物流等服务业发展中全面倡导绿色、健康理念,进而以绿色低碳为导向差异化地推进不同类型服务业的数字化转型。例如,在生活性服务业领域,引导酒店住宿业利用数字化技术推广无纸化入住,通过 APP(application,应用)等为顾客提供更多个性化服务选择,减少运营物品的浪费和损耗;在生产性服务业领域,要积极推进智能化物流建设,加快建设跨行业、跨区域的物流信息服务平台,支持物流企业搭建数字化仓库和数字化运营平台,减少运行消耗,提升运营效率等。同时,政府部门可以打造服务业数字化减污降碳行业标杆数据库,在业内树立一批标杆企业、优秀应用推广案例等。

三是以推进农业数字化转型推进减污降碳。通过农业数字化转型改造农业产业生产、经营和服务体系,降低农业生产主体减污降碳成本,提高农业绿色全要素生产率,是实现农业减污降碳协同增效的重要路径。为此,要结合国家对农业领域的减污降碳协同增效目标要求,在农业数字化转型过程中,加快构建智慧化网络农业生态系统,推进农业物联网绿色、低碳一体化技术服务平台,加快农业领域减污降碳数字技术突破,繁荣农业数字化转型应用场景，建立数字化的农业减污降碳管理体系，鼓励农业减污降碳有关数据上云，助力农业减污降碳数字化管理与应用（彭育园和李平，2022）。

9.5.3　以推动产业园区和产业集群数字化转型推进减污降碳

一方面，要加强产业园区和集群数字化平台建设。在产业园区和产业集群建立循环经济体系和脱碳转型的进程中，通过数字化平台推动实现信息化、专业化、智慧化的节能减排方式，增强产业园区碳综合管理能力，对园区内能源使用、碳排放以及碳资产情况进行掌握、监测、分析和管理，以更加精细、动态的方式实现产业园区绿色、低碳、高质量发展，积极打造一批"智慧园区""低碳园区""零碳园区"。另一方面，要大力支持建设虚拟产业园和虚拟产业集群。虚拟产业园和虚拟产业集群是新经济发展的必然趋势，可以促进实现产业的高端化以及产业链的现代化，有利于减污降碳。为了推进虚拟产业园和产业集群建设，需要加强引导，畅通创新要素跨区域流动渠道，支持建设跨地区的虚拟产业园和产业集群，支持链式平台企业发展，建立将产业链与供应链相连的虚拟化集群平台，充分发挥网络协同的枢纽作用，优化虚拟产业集群的结构基础，加快推进数字产业集聚区的质量提升，推动传统产业集群、先进制造业集群等向虚拟化转型升级（赵璐，2021）。

9.6　减污降碳协同治理的数字金融赋能路径

通过金融体系支持国民经济绿色低碳转型、实现高质量发展，是新时代党中央、国务院赋予金融体系艰巨而光荣的使命。科技创新是实现减污降碳协同增效目标的必要条件，而减污降碳协同增效目标的实现更离不开科技创新与金融要素的深度融合。这就需要加强数字技术赋能普惠金融和绿色金融，坚持公平普惠，着力增强中小企业减污降碳能力；创新绿色金融发展，将数字技术融入绿色金融中，着力提升绿色金融服务的覆盖面和精准度；鼓励发展绿色数字金融，着力促进数字金融行业绿色低碳高质量发展。

9.6.1　以数字普惠金融助力中小企业减污降碳

中小企业减污降碳普遍面临成本制约，已成为减污降碳协同增效的难点之一。中小企业生产规模较小，生产过程中污染物和碳排放相对较少，难以实现规模化处理，以致中小企业治污成本远高于其收益，使中小企业缺乏减污降碳的主动性和积极性。通过运用数字普惠金融能够有效促进各经济主体之间的联动[①]，破解金融服务供需双方的信息不对称、扩大金融服务半径、降低金融服务成本，深化金融服务渗透率，不仅能够为解决中小企业的生存成长问题提供新思路，提高中小企业竞争能力和成长能力，还能为中小企业减污降碳提供可负担的金融服务。但是目前，数字普惠金融在服务中小企业过程中还存在一些问题，如风险防控机制跟不上创新步伐、机构产品混业跨界和耦合性加强造成监管难，长尾用户或小微企业征信不完善、信用信息比较分散等。

基于发展数字普惠金融的战略需求，以《二十国集团数字普惠金融高级原则》为指引，一是加强顶层设计，通过出台相关的发展规划或指导意见来促进数字普惠金融健康发展；二是要优化数字普惠金融生态，着力构建集"生态化、智能化、开放化"三位一体的数字普惠金融发展格局；三是要加强数字普惠金融基础设施建设和技术前瞻性布局；四是要坚持以消费者保护为原则加强数字普惠金融的包容性监管，重点预防和解决数字普惠金融方面的金融数据安全、系统安全及其特有的算法安全等问题；五是要建立健全多元化征信体系，引导数字普惠金融规范发展，强化数字普惠金融中的消费者权益保护；六是要进一步普及数字技术和金融基本知识，提高消费者金融素养。

9.6.2　创新发展数字绿色金融

绿色金融存在显著的减污降碳效应（胡剑波和陈行，2023），在数字经济时代下，有数字技术加持的绿色金融将助力一、二、三产业数字化，走可持续发展道路，并为我国"双碳"目标的实现提供坚实保障。数字绿色金融或者说数字化的绿色金融是指数字技术与绿色金融的日常运行相融合，实现绿色金融的数字化转型。在实现减污降碳协同治理的过程中，必须创新发展数字绿色金融。

一是通过数字技术降低金融业自身能耗。将区块链等数字技术融入金融业的日常管理中，赋予金融行业无纸化、低能耗特性；将信息技术等运用到金融机构的经营过程中，建立各金融机构信息共享机制，提升信息利用效率和金融业务服务效率，降低机构运行成本，同时便于金融机构更好地规避风险，减少无效投资和人力物力消耗。

[①]　《全球标准制定机构与普惠金融——演变中的格局》将数字普惠金融定义为"一切通过使用数字金融服务以促进普惠金融的行动"。

二是通过数字金融提升绿色金融服务效率。强化大数据、人工智能和云计算等数字技术手段在绿色保险、绿色投融资、绿色能源市场、绿色供应链等业务领域的应用（图9-3）。通过金融科技建立环境大数据平台、碳交易云平台等数字化服务平台，推进各绿色企业之间的市场、技术、资金等要素的连接，形成可追溯的绿色低碳项目供应链，通过提升绿色金融业务的营销与定价能力和流程管理能力，帮助绿色转型企业更好融入市场。此外，在碳交易市场的发展方面，利用数字金融建立数字化信息披露平台，通过数字技术实现科学的交易定价、探索创新的投/贷后管理方案，实现碳交易成本降低以及碳交易效率提高的双赢，整体提升绿色金融服务质量。

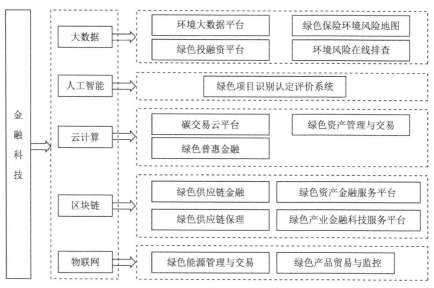

图9-3　数字金融科技的绿色金融应用场景
资料来源：中信百信银行《产业数字金融研究报告（2021）》

三是通过数字金融扩大绿色金融产品供给。围绕绿色经济的重点领域，以节能环保为主题，充分利用大数据、人工智能和云计算等数字技术，将其应用在绿色能源交易与管理、环境风险管理、环境风险在线排查、绿色保险环境风险、绿色供应链金融、绿色债券等绿色金融的业务场景中，创新绿色金融产品和数字化金融服务，通过金融服务来引导支持各行各业绿色经营、绿色发展，实现绿色低碳项目融资的扩面提质增量。

四是通过数字金融促进绿色金融交流与合作。很多金融风险起因于部门间信息交流机制不完善。应通过数字金融建立金融机构与环保部门间的共享数据库,便于各金融机构及绿色企业间的交流与合作,促进部门间的有效沟通。另外,为了防止数据造假,保证并提高环境数据质量,应利用金融科技建立透明的环境信息披露机制,便于社会各团体共同监督绿色金融发展。

9.6.3　鼓励支持绿色数字金融

绿色数字金融或者说绿色化的数字金融是指以低碳绿色的方式发展数字金融,进而推动经济绿色转型。数字金融的绿色化发展先要建立在数字金融自身的健康安全发展基础上,这要求数字金融发展遵循以人为本的原则,注重风险防控,完善相关的制度建设,做好数字金融监管,建立统一的数字金融产业标准等。而为了鼓励支持绿色数字金融发展,需要重点做好以下几点。

一是引导数字金融企业塑造绿色文化。一方面要加强对数字金融企业的绿色企业观的宣传,引导数字金融企业承担社会责任、树立绿色企业观、形成绿色价值导向;另一方面要指导数字金融企业实行绿色管理,鼓励其绿色文化建设部门发展,监督管理企业的各个经营环节,建立绿色企业制度。

二是支持数字金融企业提供绿色产品和服务。倡导数字金融企业关注清洁能源、环境治理、节能减排等绿色核心产业和前沿市场,提升数字金融企业绿色信贷占比,拓展股、债、贷、投、保、租综合化绿色产品和服务,探索创新"碳中和"债券产品及金融衍生品,与多方合作共同建立减污降碳基金,加大数字金融赋能改善能源结构、企业绿色生产以及个人参与绿色场景应用等方面的投入。

三是鼓励数字金融企业实施绿色营销。在产品设计方面,引导数字金融企业在设计金融产品时更加关注低碳消费市场,在产品的供需两端均遵循绿色低碳原则,设计能够满足低碳消费市场需求且能够降低环境污染的产品和服务。在具体营销策略方面,大力引导数字金融企业通过金融科技开发网络营销方式,缩短数字金融企业产品在营销过程中的周转环节,有效控制营销能耗,降低数字金融企业营销过程中的污染物及碳排放。

四是建立完善绿色数字金融激励机制。发挥政府财政资金对绿色数字金融的"引导"和"撬动"作用,对数字金融企业的绿色低碳行为给予奖励,对在绿色低碳发展方面做出积极示范带动作用的数字金融企业予以税收优惠和财政补贴。颁布相应法规建立风险分散机制,如规定企业绿色资产优先受偿等,提高数字金融企业推进绿色化发展的积极性。

9.7　本　章　小　结

根据前述各章的理论分析和现实研判，当前，减污降碳协同治理已经上升为国家战略，但也面临政策协同不够，数据支撑不足，数字化、网络化、智能化水平低，法律法规不健全，资金缺乏支持等问题，这需要从总体上系统谋划，从资源流和能源流两个方面促进结构调整，加快实现全区域减污降碳协同治理增效，推动减污降碳协同治理政策与行动协同，提高减污降碳协同增效的数字治理能力。与此同时，还需要探索更多的新思路、新方法、新路径，而数字经济与减污降碳协同治理的融合就是一条可行的实践路径。就数字经济本身而言，需要提高赋能基础，加强数字科技创新力度，提升产业链、供应链稳定性和竞争力，加大数字人才培养力度，促进区域数字经济协调发展，统筹数据资源开发利用与数据安全，构建多元参与的数字经济治理体系。而从具体的赋能路径看，需要统筹部署数字化减污降碳协同治理方案，从数字技术创新、数字产业化、产业数字化、数字金融等多个维度因地制宜地推出具体行动措施。

参 考 文 献

柏亮. 2021. 数字金融: 科技赋能与创新监管[M]. 北京: 中译出版社.

柏培文, 喻理. 2021. 数字经济发展与企业价格加成: 理论机制与经验事实[J]. 中国工业经济, (11): 59-77.

柏培文, 张云. 2021. 数字经济、人口红利下降与中低技能劳动者权益[J]. 经济研究, 56(5): 91-108.

包群, 彭水军. 2006. 经济增长与环境污染: 基于面板数据的联立方程估计[J]. 世界经济, (11): 48-58.

蔡莉, 杨亚倩, 卢珊, 等. 2019. 数字技术对创业活动影响研究回顾与展望[J]. 科学学研究, 37(10): 1816-1824, 1835.

蔡绍洪, 谷城, 张再杰. 2022. 中国省域数字经济的时空特征及影响因素研究[J]. 华东经济管理, 36(7): 1-9.

蔡跃洲. 2018. 数字经济的增加值及贡献度测算: 历史沿革、理论基础与方法框架[J]. 求是学刊, 45(5): 65-71.

蔡跃洲, 牛新星. 2021. 中国数字经济增加值规模测算及结构分析[J]. 中国社会科学, (11): 4-30, 204.

曹宏斌, 赵赫, 赵月红, 等. 2023. 工业生产全过程减污降碳: 方法策略与科学基础[J]. 中国科学院院刊, 38(2): 342-350.

陈亮. 2021. 数字经济核算问题研究[M]. 北京: 中国财政经济出版社.

陈梦根, 周元任. 2023. 数字经济、分享发展与共同富裕[J]. 数量经济技术经济研究, 40(10): 5-26.

陈诗一, 陈登科. 2018. 雾霾污染、政府治理与经济高质量发展[J]. 经济研究, 53(2): 20-34.

陈诗一, 许璐. 2022. "双碳"目标下全球绿色价值链发展的路径研究[J]. 北京大学学报(哲学社会科学版), 59(2): 5-12.

陈晓红, 胡东滨, 曹文治, 等. 2021. 数字技术助推我国能源行业碳中和目标实现的路径探析[J]. 中国科学院院刊, 36(9): 1019-1029.

陈晓红, 李杨扬, 宋丽洁, 等. 2022. 数字经济理论体系与研究展望[J]. 管理世界, 38(2): 208-224, 13-16.

程翔, 刘娅瑄, 张玲娜. 2021. 金融产业数字化升级的制度供给特征: 基于政策文本挖掘[J]. 中国软科学, (S1): 87-98.

戴长征, 鲍静. 2017. 数字政府治理: 基于社会形态演变进程的考察[J]. 中国行政管理, (9): 21-27.

戴静怡, 曹媛, 陈操操. 2023. 城市减污降碳协同增效内涵、潜力与路径[J]. 中国环境管理, 15(2): 30-37.

戴魁早, 黄姿, 王思曼. 2023. 数字经济促进了中国服务业结构升级吗?[J]. 数量经济技术经济研究, 40(2): 90-112.

戴翔, 马皓巍. 2023. 数字化转型、出口增长与低加成率陷阱[J]. 中国工业经济, (5): 61-79.

戴翔, 杨双至. 2022. 数字赋能、数字投入来源与制造业绿色化转型[J]. 中国工业经济, (9): 83-101.

邓波, 张学军, 郭军华. 2011. 基于三阶段 DEA 模型的区域生态效率研究[J]. 中国软科学, (1): 92-99.

邓荣荣, 张翱祥. 2021. 中国城市数字金融发展对碳排放绩效的影响及机理[J]. 资源科学, 43(11): 2316-2330.

邓荣荣, 张翱祥. 2022. 中国城市数字经济发展对环境污染的影响及机理研究[J]. 南方经济, (2): 18-37.

邓辛, 彭嘉欣. 2023. 基于移动支付的数字金融服务能为非正规就业者带来红利吗? ——来自码商的微观证据[J]. 管理世界, (6): 16-33, 70, 34-43.

董敏杰, 李钢, 梁泳梅. 2012. 中国工业环境全要素生产率的来源分解: 基于要素投入与污染治理的分析[J]. 数量经济技术经济研究, 29(2): 3-20.

杜威剑, 李梦洁. 2016. 环境规制对企业产品创新的非线性影响[J]. 科学学研究, 34(3): 462-470.

段立新, 凌鸣, 张晓宏. 2017. 基于大数据的苏州数字经济[M]. 苏州: 苏州大学出版社.

范合君, 吴婷, 何思锦. 2023. 企业数字化的产业链联动效应研究[J]. 中国工业经济, (3): 115-132.

方福前, 田鸽, 张勋. 2023. 数字基础设施与代际收入向上流动性: 基于"宽带中国"战略的准自然实验[J]. 经济研究, (5): 79-97.

费伟良, 李奕杰, 杨铭, 等. 2021. 碳达峰和碳中和目标下工业园区减污降碳路径探析[J]. 环境保护, 49(8): 61-63.

冯素玲, 许德慧. 2022. 数字产业化对产业结构升级的影响机制分析: 基于 2010—2019 年中国省际面板数据的实证分析[J]. 东岳论丛, 43(1): 136-149, 192.

傅京燕, 原宗琳. 2017. 中国电力行业协同减排的效应评价与扩张机制分析[J]. 中国工业经济, (2): 43-59.

傅秋子, 黄益平. 2018. 数字金融对农村金融需求的异质性影响: 来自中国家庭金融调查与北京大学数字普惠金融指数的证据[J]. 金融研究, (11): 68-84.

高敬峰, 王彬. 2020. 数字技术提升了中国全球价值链地位吗[J]. 国际经贸探索, (11): 35-51.

戈丹. 2010. 何谓治理[M]. 钟震宇, 译. 北京: 社会科学文献出版社.

高庆先, 高文欧, 马占云, 等. 2021. 大气污染物与温室气体减排协同效应评估方法及应用[J]. 气候变化研究进展, 17(3): 268-278.

顾阿伦, 滕飞, 冯相昭. 2016. 主要部门污染物控制政策的温室气体协同效果分析与评价[J]. 中国人口·资源与环境, 26(2): 10-17.

关会娟, 许宪春, 张美慧, 等. 2020. 中国数字经济产业统计分类问题研究[J]. 统计研究, 37(12): 3-16.

郭炳南, 王宇, 张浩. 2022. 数字经济发展改善了城市空气质量吗: 基于国家级大数据综合试验区的准自然实验[J]. 广东财经大学学报, 37(1): 58-74.

郭峰, 王靖一, 王芳, 等. 2020. 测度中国数字普惠金融发展: 指数编制与空间特征[J].

经济学(季刊), 19(4): 1401-1418.

郭美晨, 杜传忠. 2019. ICT 提升中国经济增长质量的机理与效应分析[J]. 统计研究, 36(3): 3-16.

国家统计局. 2017. 中国国民经济核算体系—2016[M]. 北京: 中国统计出版社.

国家统计局. 2021. 数字经济及其核心产业统计分类(2021)[R]. 北京: 国家统计局.

韩兆安, 赵景峰, 吴海珍. 2021. 中国省际数字经济规模测算、非均衡性与地区差异研究[J]. 数量经济技术经济研究, 38(8): 164-181.

何大安. 2018. 互联网应用扩张与微观经济学基础: 基于未来"数据与数据对话"的理论解说[J]. 经济研究, 53(8): 177-192.

贺克斌, 张强, 同丹, 等. 2020. 中国中长期空气质量改善路径及健康效益[R]. 北京: 清华大学, 能源基金会.

贺铿. 1989. 关于信息产业和信息产业投入产出表的编制方法[J]. 数量经济技术经济研究, (2): 34-40, 33.

洪银兴, 任保平. 2023. 数字经济与实体经济深度融合的内涵和途径[J]. 中国工业经济, (2): 5-16.

侯世英, 宋良荣. 2021. 数字经济、市场整合与企业创新绩效[J]. 当代财经, (6): 78-88.

胡剑波, 陈行. 2023. 绿色财政会增强绿色金融的减排效果吗?——基于减污降碳视角[J]. 财经论丛, (10): 25-35.

黄勃, 李海彤, 刘俊岐, 等. 2023. 数字技术创新与中国企业高质量发展: 来自企业数字专利的证据[J]. 经济研究, (3): 97-115.

黄群慧, 余泳泽, 张松林. 2019. 互联网发展与制造业生产率提升: 内在机制与中国经验[J]. 中国工业经济, (8): 5-23.

黄世忠. 2022. ESG 报告的"漂绿"与反"漂绿"[J]. 财会月刊, (1): 3-11.

黄先海, 王瀚迪, 孙涌铭, 等. 2023. 数字技术与企业出口质量升级: 来自专利文本机器学习的证据[J]. 数量经济技术经济研究, 40: 69-89.

黄益平, 黄卓. 2018. 中国的数字金融发展: 现在与未来[J]. 经济学(季刊), (4): 1489-1502.

黄祖辉, 宋文豪, 叶春辉. 2023. 数字普惠金融对新型农业经营主体创立的影响与机理: 来自中国 1845 个县域的经验证据[J]. 金融研究, (4): 92-110.

金灿阳, 徐蔼婷, 邱可阳. 2022. 中国省域数字经济发展水平测度及其空间关联研究[J]. 统计与信息论坛, 37(6): 11-21.

京东数字科技研究院. 2019. 数字金融[M]. 北京: 中信出版集团.

荆文君, 孙宝文. 2019. 数字经济促进经济高质量发展: 一个理论分析框架[J]. 经济学家, (2): 66-73.

康铁祥. 2008. 中国数字经济规模测算研究[J]. 当代财经, (3): 118-121.

李广昊, 周小亮. 2021. 推动数字经济发展能否改善中国的环境污染: 基于"宽带中国"战略的准自然实验[J]. 宏观经济研究, (7): 146-160.

李国杰. 2017. 数字经济干部读本[M]. 北京: 国家行政学院出版社.

李海舰, 蔡跃洲, 彭战, 等. 2021. 中国数字经济前沿 2021: 数字经济测度及"十四五"发展[M]. 北京: 社会科学文献出版社.

李海舰, 李燕. 2020. 对经济新形态的认识: 微观经济的视角[J]. 中国工业经济, (12): 159-177.

李红霞, 郑石明, 要蓉蓉. 2022. 环境与经济目标设置何以影响减污降碳协同管理绩效? [J]. 中国人口·资源与环境, 32(11): 109-120.

李静. 2020. 数字经济理论[M]. 合肥: 合肥工业大学出版社.

李磊, 徐大策. 2020. 机器人能否提升企业劳动生产率?——机制与事实[J]. 产业经济研究, (3): 127-142.

李力, 唐登莉, 孔英, 等. 2016. FDI对城市雾霾污染影响的空间计量研究: 以珠三角地区为例[J]. 管理评论, 28(6): 11-24.

李丽平, 周国梅, 季浩宇. 2010. 污染减排的协同效应评价研究: 以攀枝花市为例[J]. 中国人口·资源与环境, 20(S2): 91-95.

李廉水, 杨浩昌, 刘军. 2014. 我国区域制造业综合发展能力评价研究: 基于东、中、西部制造业的实证分析[J]. 中国软科学, (2): 121-129.

李腾, 孙国强, 崔格格. 2021. 数字产业化与产业数字化: 双向联动关系、产业网络特征与数字经济发展[J]. 产业经济研究, (5): 54-68.

李婉红, 李娜. 2023. 绿色技术创新、智能化转型与制造企业环境绩效: 基于门槛效应的实证研究[J]. 管理评论, 35: 1-11.

李伟. 2023. 数字经济发展的底层理论逻辑、发达国家战略部署及我国应对[J]. 中国软科学, (5): 216-224.

李研. 2021. 中国数字经济产出效率的地区差异及动态演变[J]. 数量经济技术经济研究, 38(2): 60-77.

梁琦, 肖素萍, 李梦欣. 2021. 数字经济发展提升了城市生态效率吗?——基于产业结构升级视角[J]. 经济问题探索, (6): 82-92.

林伟鹏, 冯保艺. 2022. 管理学领域的曲线效应及统计检验方法[J]. 南开管理评论, 25(1): 155-166.

刘传明, 尹秀, 王林杉. 2020. 中国数字经济发展的区域差异及分布动态演进[J]. 中国科技论坛, (3): 97-109.

刘华军, 郭立祥, 乔列成. 2023. 减污降碳协同效应的量化评估研究: 基于边际减排成本视角[J]. 统计研究, 40(4): 19-33.

刘茂辉, 刘胜楠, 李婧, 等. 2022. 天津市减污降碳协同效应评估与预测[J]. 中国环境科学, 42: 3940-3949.

刘淑春. 2018. 数字政府战略意蕴、技术构架与路径设计: 基于浙江改革的实践与探索[J]. 中国行政管理, (9): 37-45.

刘淑春. 2019. 中国数字经济高质量发展的靶向路径与政策供给[J]. 经济学家, (6): 52-61.

刘昱洋. 2022. 我国数字经济发展中的问题探讨及对策研究[J]. 区域经济评论, (1): 99-106.

刘志毅. 2019. 智能经济: 用数字经济学思维理解世界[M]. 北京: 电子工业出版社.

卢亚和. 2021. 数字经济发展对物流效率提升的影响: 基于交易成本的分析[J]. 商业经济研究, (16): 99-103.

罗佳, 张蛟蛟, 李科. 2023. 数字技术创新如何驱动制造业企业全要素生产率?——来自上市公司专利数据的证据[J]. 财经研究, (2): 95-109, 124.

罗良清, 平卫英, 张雨露. 2021. 基于融合视角的中国数字经济卫星账户编制研究[J]. 统计研究, 38(1): 27-37.

马费成. 1997. 信息经济学[M]. 武汉: 武汉大学出版社.

毛丰付, 高雨晨, 周灿. 2022. 长江经济带数字产业空间格局演化及驱动因素[J]. 地理研究, 41(6): 1593-1609.

梅森. 2017. 新经济的逻辑: 个人、企业和国家如何应对未来[M]. 熊海虹, 译. 北京: 中信出版集团.

孟庆时, 余江, 陈凤, 等. 2021. 数字技术创新对新一代信息技术产业升级的作用机制研究[J]. 研究与发展管理, 33(1): 90-100.

缪陆军, 陈静, 范天正, 等. 2022. 数字经济发展对碳排放的影响: 基于 278 个地级市的面板数据分析[J]. 南方金融, (2): 45-57.

南京大学金陵学院大学数学教研室. 2014. 概率论与数理统计简明教程[M]. 南京: 东南大学出版社.

潘为华, 贺正楚, 潘红玉. 2021. 中国数字经济发展的时空演化和分布动态[J]. 中国软科学, (10): 137-147.

庞瑞芝, 张帅, 王群勇. 2021. 数字化能提升环境治理绩效吗?——来自省际面板数据的经验证据[J]. 西安交通大学学报（社会科学版）, 41(5): 1-10.

裴长洪, 倪江飞, 李越. 2018. 数字经济的政治经济学分析[J]. 财贸经济, 39(9): 5-22.

彭刚, 赵乐新. 2020. 中国数字经济总量测算问题研究: 兼论数字经济与我国经济增长动能转换[J]. 统计学报, 1(3): 1-13.

彭育园, 李平. 2022-01-19. 促进农业数字化转型与农业双碳战略有机融合[N]. 农民日报, (5).

蒲英霞, 马荣华, 葛莹, 等. 2005. 基于空间马尔可夫链的江苏区域趋同时空演变[J]. 地理学报, (5): 817-826.

戚聿东, 李颖. 2018. 新经济与规制改革[J]. 中国工业经济, (3): 5-23.

戚聿东, 肖旭. 2022. 数字经济概论[M]. 北京: 中国人民大学出版社.

钱立华, 方琦, 鲁政委. 2020. 刺激政策中的绿色经济与数字经济协同性研究[J]. 西南金融, (12): 3-13.

任保平, 师博, 钞小静, 等. 2022. 数字经济学导论[M]. 北京: 科学出版社.

邵立敏. 2022. 政务数据资产化路径与交易模式研究: 基于数字经济背景[J]. 财会通讯, (6): 120-125.

沈坤荣, 金刚. 2018. 中国地方政府环境治理的政策效应: 基于"河长制"演进的研究[J]. 中国社会科学, (5): 92-115, 206.

宋冬林, 孙尚斌, 范欣. 2021. 数据成为现代生产要素的政治经济学分析[J]. 经济学家, (7): 35-44.

宋爽. 2021. 数字经济概论[M]. 天津: 天津大学出版社.

宋旭光, 何佳佳, 左马华青. 2022. 数字产业化赋能实体经济发展: 机制与路径[J]. 改革, (6): 76-90.

宋洋. 2019. 经济发展质量理论视角下的数字经济与高质量发展[J]. 贵州社会科学, (11): 102-108.

孙晶琪, 周奕全, 王愿, 等. 2023. 市场型环境规制交互下减污降碳协同增效的效应分析[J]. 中国环境管理, 15(2): 48-57.

孙雪妍, 白雨鑫, 王灿. 2023. 减污降碳协同增效: 政策困境与完善路径[J]. 中国环境管理, 15(2): 16-23.

孙勇, 樊杰, 刘汉初, 等. 2022. 长三角地区数字技术创新时空格局及其影响因素[J]. 经济地理, 42(2): 124-133.

汤潇. 2018. 数字经济: 影响未来的新技术、新模式、新产业[M]. 北京: 人民邮电出版社.

唐松, 赖晓冰, 黄锐. 2019. 金融科技创新如何影响全要素生产率: 促进还是抑制?——理论分析框架与区域实践[J]. 中国软科学, (7): 134-144.

唐松, 伍旭川, 祝佳. 2020. 数字金融与企业技术创新: 结构特征、机制识别与金融监管下的效应差异[J]. 管理世界, 36(5): 52-66, 9.

唐湘博, 陈晓红. 2017. 区域大气污染协同减排补偿机制研究[J]. 中国人口•资源与环境, 27(9): 76-82.

陶长琪, 陈文华, 林龙辉. 2007. 我国产业组织演变协同度的实证分析: 以企业融合背景下的我国 IT 产业为例[J]. 管理世界, (12): 67-72.

陶锋, 王欣然, 徐扬, 等. 2023. 数字化转型、产业链供应链韧性与企业生产率[J]. 中国工业经济, (5): 118-136.

陶锋, 赵锦瑜, 周浩. 2021. 环境规制实现了绿色技术创新的 "增量提质" 吗: 来自环保目标责任制的证据[J]. 中国工业经济, (2): 136-154.

腾讯研究院. 2017. 中国 "互联网+" 数字经济指数（2017）[R]. 北京: 腾讯研究院.

滕磊, 马德功. 2020. 数字金融能够促进高质量发展吗?[J]. 统计研究, 37(11): 80-92.

田春秀, 李丽平, 杨宏伟, 等. 2006. 西气东输工程的环境协同效应研究[J]. 环境科学研究, (3): 122-127.

田鸽, 黄海, 张勋. 2023. 数字金融与创业高质量发展: 来自中国的证据[J]. 金融研究, (3): 74-92.

田鸽, 张勋. 2022. 数字经济、非农就业与社会分工[J]. 管理世界, 38(5): 72-84, 311.

田国强, 李双建. 2020. 经济政策不确定性与银行流动性创造: 来自中国的经验证据[J]. 经济研究, 55(11): 19-35.

田嘉莉, 付书科, 刘萧玮. 2022. 财政支出政策能实现减污降碳协同效应吗? [J]. 财政科学, (2): 100-115.

田秀娟, 李睿. 2022. 数字技术赋能实体经济转型发展: 基于熊彼特内生增长理论的分析框架[J]. 管理世界, 38(5): 56-73.

万佳彧, 周勤, 肖义. 2020. 数字金融、融资约束与企业创新[J]. 经济评论, (1): 71-83.

汪晓文, 陈明月, 陈南旭. 2023. 数字经济、绿色技术创新与产业结构升级[J]. 经济问题, (1): 19-28.

王宝顺, 徐绮爽. 2021. 对我国数字服务交易试行消费地征税原则的思考[J]. 税务研究, (12): 55-61.

王锋正, 陈方圆. 2018. 董事会治理、环境规制与绿色技术创新: 基于我国重污染行业上市公司的实证检验[J]. 科学学研究, 36(2): 361-369.

王海花, 谭钦瀛, 李烨. 2023. 数字技术应用、绿色创新与企业可持续发展绩效: 制度压力的调节作用[J]. 科技进步与对策, (7): 124-135.

王军, 詹韵秋. 2018. "五大发展理念" 视域下中国经济增长质量的弹性分析[J]. 软科学, 32(6): 26-29.

王军, 朱杰, 罗茜. 2021. 中国数字经济发展水平及演变测度[J]. 数量经济技术经济研究, 38(7): 26-42.

王俊豪, 周晟佳. 2021. 中国数字产业发展的现状、特征及其溢出效应[J]. 数量经济技术经济研究, 38(3): 103-119.

王琼洁, 高婴劢. 2020. 数字经济新业态新模式发展研究报告[R]. 苏州: 中国电子信息产业发展研究院.

王群伟, 周鹏, 周德群. 2010. 我国二氧化碳排放绩效的动态变化、区域差异及影响因素[J]. 中国工业经济, (1): 45-54.

王群勇, 李海燕. 2023. 数字经济的节能减排效应[J]. 贵州财经大学学报, (3): 81-90.

王胜鹏, 滕堂伟, 夏启繁, 等. 2022. 中国数字经济发展水平时空特征及其创新驱动机制[J]. 经济地理, 42(7): 33-43.

王香艳, 李金叶. 2022. 数字经济是否有效促进了节能和碳减排? [J]. 中国人口·资源与环境, (11): 83-95.

王学栋, 王梦科. 2024. "双碳"背景下减污降碳协同治理的法治保障研究: 结构功能主义的分析视角[J]. 西安交通大学学报(社会科学版), 44: 75-86.

王永钦, 董雯. 2020. 机器人的兴起如何影响中国劳动力市场?——来自制造业上市公司的证据[J]. 经济研究, 55(10): 159-175.

王勇, 辛凯璇, 余瀚. 2019. 论交易方式的演进: 基于交易费用理论的新框架[J]. 经济学家, (4): 49-58.

王勇, 俞海, 张永亮, 等. 2016. 中国环境质量拐点: 基于EKC的实证判断[J]. 中国人口·资源与环境, 26(10): 1-7.

王元彬, 张尧, 李计广. 2022. 数字金融与碳排放: 基于微观数据和机器学习模型的研究[J]. 中国人口·资源与环境, (6): 1-11.

王芝炜, 孙慧, 张贤峰, 等. 2023. 用能权交易制度能否实现减污降碳的双重环境福利?[J]. 产业经济研究, (4): 15-26, 39.

魏江, 刘嘉玲, 刘洋. 2021. 数字经济学: 内涵、理论基础与重要研究议题[J]. 科技进步与对策, 38(21): 1-7.

魏丽莉, 侯宇琦. 2022. 数字经济对中国城市绿色发展的影响作用研究[J]. 数量经济技术经济研究, (8): 60-79.

温忠麟, 叶宝娟. 2014. 中介效应分析: 方法和模型发展[J]. 心理科学进展, 22(5): 731-745.

邬彩霞. 2021. 中国低碳经济发展的协同效应研究[J]. 管理世界, (8): 105-117.

吴德进, 张旭华. 2021-09-01. 以产业数字化赋能高质量发展[N]. 光明日报, (6).

吴静, 张凤. 2022. 智库视角下国外数字经济发展趋势及对策研究[J]. 科研管理, 43(8): 32-39.

吴晓求. 2015. 互联网金融: 成长的逻辑[J]. 财贸经济, (2): 5-15.

鲜祖德, 王天琪. 2022. 中国数字经济核心产业规模测算与预测[J]. 统计研究, 39(1): 4-14.

向书坚, 吴文君. 2018. OECD数字经济核算研究最新动态及其启示[J]. 统计研究, 35(12): 3-15.

向书坚, 吴文君. 2019. 中国数字经济卫星账户框架设计研究[J]. 统计研究, 36(10): 3-16.

肖旭, 戚聿东. 2019. 产业数字化转型的价值维度与理论逻辑[J]. 改革, (8): 61-70.

解春艳, 丰景春, 张可. 2017. 互联网技术进步对区域环境质量的影响及空间效应[J]. 科技进步与对策, 34(12): 35-42.

谢康, 肖静华. 2022. 面向国家需求的数字经济新问题、新特征与新规律[J]. 改革, (1): 85-100.

谢云飞. 2022. 数字经济对区域碳排放强度的影响效应及作用机制[J]. 当代经济管理, 44(2): 68-78.

徐维祥, 周建平, 刘程军. 2022. 数字经济发展对城市碳排放影响的空间效应[J]. 地理研究, 41(1): 111-129.

徐翔. 2021. 数字经济时代: 大数据与人工智能驱动新经济发展[M]. 北京: 人民出版社.

徐晓林, 刘勇. 2006. 数字治理对城市政府善治的影响研究[J]. 公共管理学报, (1): 13-20, 107-108.

徐晓林, 周立新. 2004. 数字治理在城市政府善治中的体系构建[J]. 管理世界, (11): 140-141.

徐远, 陈靖. 2019. 数字金融的底层逻辑[M]. 北京: 中国人民大学出版社.

许和连, 邓玉萍. 2012. 外商直接投资导致了中国的环境污染吗?——基于中国省际面板数据的空间计量研究[J]. 管理世界, (2): 30-43.

许宪春, 任雪, 常子豪. 2019. 大数据与绿色发展[J]. 中国工业经济, (4): 5-22.

许宪春, 张美慧. 2020. 中国数字经济规模测算研究: 基于国际比较的视角[J]. 中国工业经济, (5): 23-41.

许宪春, 张美慧. 2022. 数字经济增加值测算问题研究综述[J]. 计量经济学报, 2(1): 19-31.

许钊, 高煜, 霍治方. 2021. 数字金融的污染减排效应[J]. 财经科学, (4): 28-39.

杨刚强, 王海森, 范恒山, 等. 2023. 数字经济的碳减排效应: 理论分析与经验证据[J]. 中国工业经济, (5): 80-98.

杨虎涛, 胡乐明. 2023. 不确定性、信息生产与数字经济发展[J]. 中国工业经济, (4): 24-41.

杨明, 周桔, 曾艳, 等. 2021. 我国生物多样性保护的主要进展及工作建议[J]. 中国科学院院刊, 36(4): 399-408.

杨仁发, 郑媛媛. 2023. 数字经济发展对全球价值链分工演进及韧性影响研究[J]. 数量经济技术经济研究, 40(8): 69-89.

姚常成, 宋冬林. 2023. 数字经济与产业空间布局重塑: 均衡还是极化[J]. 财贸经济, 44(6): 69-87.

易兰, 赵万里, 杨历. 2020. 大气污染与气候变化协同治理机制创新[J]. 科研管理, 41(10): 134-144.

易明, 张兴, 吴婷. 2022. 中国数字经济核心产业规模的统计测度和空间特征[J]. 宏观经济研究, (12): 5-20, 66.

易行健, 周利. 2018. 数字普惠金融发展是否显著影响了居民消费: 来自中国家庭的微观证据[J]. 金融研究, (11): 47-67.

俞可平. 1999. 治理和善治引论[J]. 马克思主义与现实, (5): 37-41.

袁国宝. 2020. 新基建: 数字经济重构经济增长新格局[M]. 北京: 中国经济出版社.

袁晓玲, 郗继宏, 钟楚潮, 等. 2023. 中国城市"减污降碳"协同驱动因素及实现路径研究[J]. 管理学刊, 36(4): 26-46.

原毅军, 谢荣辉. 2015. 产业集聚、技术创新与环境污染的内在联系[J]. 科学学研究,

33(9): 1340-1347.

曾昭磐. 2001. 根据"全口径"投入产出表编制信息投入产出表的矩阵方法及应用[J].
　　系统工程理论与实践, (1): 36-40.

张凡, 邵俊杰, 周力. 2021. 环境分权的城市绿色创新效应[J]. 中国人口·资源与环境,
　　(12): 83-92.

张国兴, 雷慧敏, 马嘉慧, 等. 2021. 公众参与对污染物排放的影响效应[J]. 中国人
　　口·资源与环境, 31(6): 29-38.

张洪振, 钊阳. 2019. 社会信任提升有益于公众参与环境保护吗?——基于中国综合社
　　会调查(CGSS)数据的实证研究[J]. 经济与管理研究, 40(5): 102-112.

张虎, 高子桓, 韩爱华. 2023. 企业数字化转型赋能产业链关联: 理论与经验证据[J].
　　数量经济技术经济研究, 40(5): 46-67.

张建锋. 2021. 数字治理: 数字时代的治理现代化[M]. 北京: 电子工业出版社.

张克中, 王娟, 崔小勇. 2011. 财政分权与环境污染: 碳排放的视角[J]. 中国工业经济,
　　(10): 65-75.

张鹏. 2019. 数字经济的本质及其发展逻辑[J]. 经济学家, (2): 25-33.

张平, 张鹏鹏, 蔡国庆. 2016. 不同类型环境规制对企业技术创新影响比较研究[J]. 中
　　国人口·资源与环境, 26(4): 8-13.

张三峰, 魏下海. 2019. 信息与通信技术是否降低了企业能源消耗: 来自中国制造业企
　　业调查数据的证据[J]. 中国工业经济, (2): 155-173.

张文魁. 2022. 数字经济的内生特性与产业组织[J]. 管理世界, 38(7): 79-90.

张勋, 万广华, 郭峰. 2021. 数字金融: 中国经济发展的新引擎[M]. 北京: 社会科学文
　　献出版社.

张勋, 万广华, 张佳佳, 等. 2019. 数字经济、普惠金融与包容性增长[J]. 经济研究,
　　54(8): 71-86.

张瑜, 孙倩, 薛进军, 等. 2022. 减污降碳的协同效应分析及其路径探究[J]. 中国人
　　口·资源与环境, 32(5): 1-13.

张越, 王晓明. 2021-01-01. 实施国家数字科技战略 为群体创新突破按下"加速键"[N].
　　科技日报, (8).

张座铭, 彭甲超, 易明. 2018. 中国技术市场运行效率: 动态演进规律及空间差异特征[J].
　　科技进步与对策, 35(20): 55-63.

赵滨元. 2021. 数字经济对区域创新绩效及其空间溢出效应的影响[J]. 科技进步与对
　　策, 38(14): 37-44.

赵立斌, 张莉莉. 2020. 数字经济概论[M]. 北京: 科学出版社.

赵璐. 2021-06-07. 虚拟产业集群: 数字经济时代下产业组织新趋势[N]. 科技日报, (6).

赵涛, 张智, 梁上坤. 2020. 数字经济、创业活跃度与高质量发展: 来自中国城市的经
　　验证据[J]. 管理世界, 36(10): 65-76.

郑逸璇, 宋晓晖, 周佳, 等. 2021. 减污降碳协同增效的关键路径与政策研究[J]. 中国
　　环境管理, 13(5): 45-51.

中国信息通信研究院. 2017. 中国数字经济发展白皮书（2017 年）[R]. 北京: 中国信
　　息通信研究院.

中国信息通信研究院. 2021. 中国数字经济发展白皮书[R]. 北京: 中国信息通信研究院.

中国信息通信研究院. 2022. 数字经济概论: 理论、实践与战略[M]. 北京: 人民邮电出

版社.

周广肃, 丁相元. 2023. 数字金融、流动性约束与共同富裕: 基于代际流动视角[J]. 数量经济技术经济研究, 40(4): 160-179.

周亚虹, 邱子迅, 任欣怡, 等. 2023. 数字金融的发展提高了电商助农的效率吗? ——基于电子商务进农村综合示范项目的分析[J]. 数量经济技术经济研究, 40(7): 70-89.

邹才能, 熊波, 薛华庆, 等. 2021. 新能源在碳中和中的地位与作用[J]. 石油勘探与开发, 48(2): 411-420.

Adner R. 2006. Match your innovation strategy to your innovation ecosystem[J]. Harvard Business Review, 84(4): 98-107, 148.

Akbari M, Kok S K, Hopkins J. 2023. The changing landscape of digital transformation in supply chains: impacts of industry 4.0 in Vietnam[J]. International Journal of Logistics Management, 35(4): 1040-1072.

Akhmat G, Zaman K, Tan S K, et al. 2014. The challenges of reducing greenhouse gas emissions and air pollution through energy sources: evidence from a panel of developed countries[J]. Environmental Science and Pollution Research, 21(12): 7425-7435.

Aluko O A, Obalade A A. 2020. Financial development and environmental quality in sub-Saharan Africa: Is there a technology effect?[J]. Science of the Total Environment, 747: 141515.

Anderson P E, Jensen H J, Oliveira L P, et al. 2004. Evolution in complex systems[J]. Complexity, 10(1): 49-56.

Andrée B P J, Chamorro A, Spencer P, et al. 2019. Revisiting the relation between economic growth and the environment: a global assessment of deforestation, pollution and carbon emission[J]. Renewable and Sustainable Energy Reviews, 114: 109221.

Anser M K, Usman M, Godil D I, et al. 2022. Does air pollution affect clean production of sustainable environmental agenda through low carbon energy financing? Evidence from ASEAN countries[J]. Energy & Environment, 33(3): 472-486.

Antonioli D, Cecere G, Mazzanti M. 2018. Information communication technologies and environmental innovations in firms: joint adoptions and productivity effects[J]. Journal of Environmental Planning and Management, 61(11): 1905-1933.

Arellano M, Bover O. 1995. Another look at the instrumental variable estimation of error-components models[J]. Journal of Econometrics, 68(1): 29-51.

Barefoot K, Curtis D, Jolliff W. 2018. Defining and measuring the digital economy[EB/OL]. https://www.bea.gov/system/files/papers/WP2018-4.pdf[2025-02-13].

Barman T R, Gupta M R. 2010. Public expenditure, environment, and economic growth[J]. Journal of Public Economic Theory, 12(6): 1109-1134.

Bartik T J. 2006. How do the effects of local growth on employment rates vary with initial labor market conditions?[J]. Upjohn Institute Working Paper, 67(3): 9-148.

Basu S, Fernald J. 2007. Information and communications technology as a general-purpose technology: evidence from US industry data[J]. German Economic Review, 8(2): 146-173.

Bielig A. 2022. The propensity to patent digital technology: mirroring digitalization processes in Germany with intellectual property in a European perspective[J]. Journal of the Knowledge Economy, 14: 2057-2080.

Blom V, Lönn A, Ekblom B, et al. 2021. Lifestyle habits and mental health in light of the two COVID-19 pandemic waves in Sweden, 2020[J]. International Journal of Environmental Research and Public Health, 18(6): 3313.

Blundell R, Bond S. 1998. Initial conditions and moment restrictions in dynamic panel data models[J]. Journal of Econometrics, 87(1): 115-143.

Blundell R, Bond S. 2000. GMM estimation with persistent panel data: an application to production functions[J]. Econometric Reviews, 19(3): 321-340.

Bogers M L A M, Garud R, Thomas L D W, et al. 2022. Digital innovation: transforming research and practice[J]. Innovation, 24(1): 4-12.

Bollaert H, Lopez-de-Silanes F, Schwienbacher A. 2021. Fintech and access to finance[J]. Journal of Corporate Finance, 68: 101941.

Borowiecki R, Siuta-Tokarska B, Maroń J, et al. 2021. Developing digital economy and society in the light of the issue of digital convergence of the markets in the European Union countries[J]. Energies, 14(9): 2717.

Cecere G, Corrocher N, Gossart C, et al. 2014. Technological pervasiveness and variety of innovators in green ICT: a patent-based analysis[J]. Research Policy, 43(10): 1827-1839.

Chatterjee S, Kumar K A. 2020. Why do small and medium enterprises use social media marketing and what is the impact: Empirical insights from India[J]. International Journal of Information Management, 53: 102103.

Chatterjee S, Moody G, Lowry P B, et al. 2020. Information technology and organizational innovation: harmonious information technology affordance and courage-based actualization[J]. Journal of Strategic Information Systems, 29(1): 101596.

Chen G Q, Zhang B. 2010. Greenhouse gas emissions in China 2007: inventory and input: output analysis[J]. Energy Policy, 38(10): 6180-6193.

Chen Y, Xu S R, Lyulyov O, et al. 2023. China's digital economy development: incentives and challenges[J]. Technological and Economic Development of Economy, 29(2): 518-538.

Cheng X, Yao D, Qian Y, et al. 2023. How does fintech influence carbon emissions: Evidence from China's prefecture-level cities[J]. International Review of Financial Analysis, 87: 102655.

Chirumalla K. 2021. Building digitally-enabled process innovation in the process industries: a dynamic capabilities approach[J]. Technovation, 105: 102256.

Coroama V C, Hilty L M, Heiri E, et al. 2013. The direct energy demand of internet data flows[J]. Journal of Industrial Ecology, 17(5): 680-688.

Dai Y, Zhang L. 2022. Regional digital finance and corporate financial risk: based on Chinese listed companies[J]. Emerging Markets Finance and Trade, 59(2): 296-311.

DBCD. 2013. Advancing Australia as a digital economy: an update to the national digital economy strategy[R]. Canberra: Commonwealth of Australia.

Demirbas M F. 2007. Progress of fossil fuel science[J]. Energy Sources, Part B: Economics, Planning, and Policy, 2(3): 243-257.

Ding Y, Duan H, Xie M, et al. 2022. Carbon emissions and mitigation potentials of 5G base station in China[J]. Resources, Conservation and Recycling, 182: 66-78.

Dong F, Li Y, Gao Y, et al. 2022. Energy transition and carbon neutrality: exploring the non-linear impact of renewable energy development on carbon emission efficiency in developed countries[J]. Resources, Conservation and Recycling, 177: 89-95.

Elhorst J P. 2005. Unconditional maximum likelihood estimation of linear and log-linear dynamic models for spatial panels[J]. Geographical Analysis, 37(1): 85-106.

Elhorst J P. 2014. Matlab software for spatial panels[J]. International Regional Science Review, 37(3): 389-405.

Elhorst J P, Lacombe D J, Piras G. 2012. On model specification and parameter space definitions in higher order spatial econometric models[J]. Regional Science and Urban Economics, 42(1/2): 211-220.

Erdmann L, Hilty L M. 2010. Scenario analysis[J]. Journal of Industrial Ecology, 14(5): 826-843.

Erik B, Avinash C. 2019. How should we measure the digital economy?[J]. Harvard Business Review, 97(6): 140-148.

Faucheux S, Nicolaï I. 2011. IT for green and green IT: a proposed typology of eco-innovation[J]. Ecological Economics, 70(11): 2020-2027.

Feng S, Zhang R, Li G. 2022. Environmental decentralization, digital finance and green technology innovation[J]. Structural Change and Economic Dynamics, 61: 70-83.

Freire-González J, Ho M S. 2022. Policy strategies to tackle rebound effects: a comparative analysis[J]. Ecological Economics, 193: 107332.

Fu J, Jia S, Wang E. 2020. Combined magnetic, transient electromagnetic, and magnetotelluric methods to detect a BIF-type concealed iron ore body: a case study in Gongchangling iron ore concentration area, southern Liaoning Province, China[J]. Minerals, 10(12): 1044.

Garud R, Kumaraswamy A, Roberts A, et al. 2020. Liminal movement by digital platform-based sharing economy ventures: The case of Uber technologies[J]. Strategic Management Journal, 43(3): 447-475.

Gopal R D, Ramesh R, Whinston A B. 2003. Microproducts in a digital economy: trading small, gaining large[J]. International Journal of Electronic Commerce, 8(2): 9-30.

Gordon L A, Loeb M P, Zhou L. 2016. Investing in cybersecurity: insights from the Gordon-Loeb model[J]. Journal of Information Security, 7: 49-59.

Granstrand O, Holgersson M. 2020. Innovation ecosystems: a conceptual review and a new definition[J]. Technovation, 90-91: 102098.

Guan Y, Xiao Y, Rong B, et al. 2023. Assessing the synergy between CO_2 emission and ambient $PM_{2.5}$ pollution in Chinese cities: an integrated study based on economic impact and synergy index[J]. Environmental Impact Assessment Review, 99: 106989.

Guo B, Wang Y, Zhang H, et al. 2023. Impact of the digital economy on high-quality urban economic development: evidence from Chinese cities[J]. Economic Modelling, 120:

106194.

Guo J, Tan X, Meng X, et al. 2022. Clean technology investment considering synergistic effects: a case from the steel sintering process[J]. Environment Development and Sustainability, 24: 13748-13770.

Haken H. 1977. Synergetics: An Introduction[M]. New York: Springer-Verlag Berlin Heidelberg.

Haldar A, Sethi N. 2022. Environmental effects of information and communication technology-exploring the roles of renewable energy, innovation, trade and financial development[J]. Renewable and Sustainable Energy Reviews, 153: 111754.

Hampton S E, Strasser C A, Tewksbury J J, et al. 2013. Big data and the future of ecology[J]. Frontiers in Ecology and the Environment, 11(3): 156-162.

Hanelt A, Bohnsack R, Marz D, et al. 2021. A systematic review of the literature on digital transformation: insights and implications for strategy and organizational change[J]. Journal of Management Studies, 58(5): 1159-1197.

Hanisch M, Goldsby C M, Fabian N E, et al. 2023. Digital governance: a conceptual framework and research agenda[J]. Journal of Business Research, 162: 113777.

Hannan M A, Al-Shetwi A Q, Ker P J, et al. 2021. Impact of renewable energy utilization and artificial intelligence in achieving sustainable development goals[J]. Energy Reports, 7: 5359-5373.

Hansen B E. 1999. Threshold effects in non-dynamic panels: estimation, testing, and inference[J]. Journal of Econometrics, 93(2): 345-368.

Hasan I, Tucci C L. 2010. The innovation-economic growth nexus: global evidence[J]. Research Policy, 39(10): 1264-1276.

He Y, Sheng P, Vochozka M. 2017. Pollution caused by finance and the relative policy analysis in China[J]. Energy & Environment, 28(7): 808-823.

Higón A D, Gholami R, Shirazi F. 2017. ICT and environmental sustainability: a global perspective[J]. Telematics and Informatics, 34(4): 85-95.

Hilty L M, Arnfalk P, Erdmann L, et al. 2006. The relevance of information and communication technologies for environmental sustainability: a prospective simulation study[J]. Environmental Modelling & Software, 21(11): 1618-1629.

Holgersson M, Granstrand O, Bogers M. 2018. The evolution of intellectual property strategy in innovation ecosystems: uncovering complementary and substitute appropriability regimes[J]. Long Range Planning, 51(2): 303-319.

Hu J. 2023. Synergistic effect of pollution reduction and carbon emission mitigation in the digital economy[J]. Journal of Environmental Management, 337: 117755.

IPCC. 2001. Climate change 2001: mitigation[R]. Cambridge: Cambridge University Press.

Ishida H. 2015. The effect of ICT development on economic growth and energy consumption in Japan[J]. Telematics and Informatics, 32(1): 79-88.

Jiang P, Khishgee S, Alimujiang A, et al. 2020. Cost-effective approaches for reducing carbon and air pollution emissions in the power industry in China[J]. Journal of Environmental Management, 264(5): 110452.

Jones C, Henderson D. 2019. Broadband and uneven spatial development: the case of

Cardiff city-region[J]. Local Economy, 34(3): 228-247.

Kaplan P O, Decarolis J, Thorneloe S. 2009. Is it better to burn or bury waste for clean electricity generation?[J]. Environmental Science & Technology, 43(6): 1711-1717.

Kapshe M, Kuriakose P N, Srivastava G, et al. 2013. Analysing the co-benefits: case of municipal sewage management at Surat, India[J]. Journal of Cleaner Production, 58: 51-60.

Kassi D F, Li Y, Riaz A, et al. 2022. Conditional effect of governance quality on the finance-environment nexus in a multivariate EKC framework: evidence from the method of moments-quantile regression with fixed-effects models[J]. Environmental Science and Pollution Research, 29: 52915-52939.

Kee D M H, Cordova M, Khin S. 2023. The key enablers of SMEs readiness in Industry 4.0: a case of Malaysia[EB/OL]. https://www.researchgate.net/publication/371502323_ The_key_enablers_of_SMEs_readiness_in_Industry_40_a_case_of_Malaysia[2025-0 2-14].

Keller J, Hartley K. 2003. Greenhouse gas production in wastewater treatment: process selection is the major factor[J]. Water Science and Technology, 47(12): 43-48.

Khan M, Ozturk I. 2021. Examining the direct and indirect effects of financial development on CO_2 emissions for 88 developing countries[J]. Journal of Environmental Management, 293: 112812.

Khin S, Ho T C. 2019. Digital technology, digital capability and organizational performance[J]. International Journal of Innovation Science, 11(2): 177-195.

Kling R, Lamb R. 1999. IT and organizational change in digital economies: a socio-technical approach[J]. ACM SIGCAS Computers and Society, 29(3): 17-25.

Knickrehm M, Berthon B, Daugherty P. 2016. Digital disruption: the growth multiplier[EB/OL]. http://www.metalonia.com/w/documents/Accenture-Strategy-Digital-Disruption-Growth-Multiplier.pdf[2025-02-14].

Lakhani K R, Panetta J A. 2007. The principles of distributed innovation[J]. Innovations: Technology, Governance, Globalization, 2(3): 97-112.

Le T, Le H, Taghizadeh-Hesary F. 2020. Does financial inclusion impact CO_2 emissions?Evidence from Asia[J]. Finance Research Letters, 34: 101451.

Lee C C, Lee C C. 2022. How does green finance affect green total factor productivity?Evidence from China[J]. Energy Economics, 107: 105863.

Leightner J E, Inoue T. 2008. Capturing climate's effect on pollution abatement with an improved solution to the omitted variables problem[J]. European Journal of Operational Research, 191(2): 540-557.

Li X, Hu Z, Cao J. 2021. The impact of carbon market pilots on air pollution: evidence from China[J]. Environmental Science and Pollution Research International, 28(44): 62274-62291.

Li X, Shao X, Chang T, et al. 2022. Does digital finance promote the green innovation of China's listed companies?[J]. Energy Economics, 114: 106254.

Li Z, Wang J. 2022. The dynamic impact of digital economy on carbon emission reduction: evidence city-level empirical data in China[J]. Journal of Cleaner Production, 351:

131570.

Lin B, Ma R. 2022. How does digital finance influence green technology innovation in China?Evidence from the financing constraints perspective[J]. Journal of Environmental Management, 320: 115833.

Liu F, Klimont Z, Zhang Q, et al. 2013. Integrating mitigation of air pollutants and greenhouse gases in Chinese cities: development of GAINS-City model for Beijing[J]. Journal of Cleaner Production, 58: 25-33.

Liu J, Jiang Y, Gan S, et al. 2022. Can digital finance promote corporate green innovation?[J]. Environmental Science and Pollution Research, 29(24): 35828-35840.

Llopis-Albert C, Rubio F, Valero F. 2021. Impact of digital transformation on the automotive industry[J]. Technological Forecasting and Social Change, 162: 120343.

Lu Q, Farooq M U, Ma X, et al. 2022. Assessing the combining role of public-private investment as a green finance and renewable energy in carbon neutrality target[J]. Renewable Energy, 196: 1357-1365.

Lu X. 2018. Cultural industries in Shanghai: policy and planning inside a global city[J]. Cultural Trends, 27(5): 395-397.

Lyu Y, Zhang L, Wang D. 2023. The impact of digital transformation on low-carbon development of manufacturing[J]. Frontiers in Environmental Science, 11: 1134882.

Ma Q, Khan Z, Tariq M, et al. 2022. Sustainable digital economy and trade adjusted carbon emissions: Evidence from China's provincial data[J]. Economic Research-Ekonomska Istraživanja, 35(1): 5469-5485.

Ma S, Wen Z, Chen J. 2012. Scenario analysis of sulfur dioxide emissions reduction potential in China's iron and steel industry[J]. Journal of Industrial Ecology, 16(4): 506-517.

Machado J A F, Santos Silva J M C. 2019. Quantiles via moments[J]. Journal of Econometrics, 213(1): 145-173.

Maggio G, Cacciola G. 2012. When will oil, natural gas, and coal peak?[J]. Fuel, 98: 111-123.

McPhail A, Griffin R, El-Halwagi M, et al. 2014. Environmental, economic, and energy assessment of the ultimate analysis and moisture content of municipal solid waste in a parallel co-combustion process[J]. Energy & Fuels, 28(2): 1453-1462.

Meng X, Wu L. 2021. Prediction of per capita water consumption for 31 regions in China[J]. Environmental Science and Pollution Research International, 28(23): 29253-29264.

Moslener U, Requate T. 2007. Optimal abatement in dynamic multi-pollutant problems when pollutants can be complements or substitutes[J]. Journal of Economic Dynamics and Control, 31(7): 2293-2316.

Moyer J D, Hughes B B. 2012. ICTs: Do they contribute to increased carbon emissions?[J]. Technological Forecasting and Social Change, 79(5): 919-931.

Nam K, Waugh C J, Paltsev S, et al. 2013. Carbon co-benefits of tighter SO_2 and NO_x regulations in China[J]. Global Environmental Change, 23(6): 1648-1661.

Nam K, Waugh C J, Paltsev S, et al. 2014. Synergy between pollution and carbon emissions control: comparing China and the United States[J]. Energy Economics, 46: 186-201.

Nambisan S. 2017. Digital entrepreneurship: toward a digital technology perspective of entrepreneurship[J]. Entrepreneurship Theory and Practice, 41(6): 1029-1055.

Nambisan S, Baron R A. 2013. Entrepreneurship in innovation ecosystems: entrepreneurs' self-regulatory processes and their implications for new venture success[J]. Entrepreneurship Theory and Practice, 37(5): 1071-1097.

Negroponte N P. 1996. Being Digital[M]. New York: Alfred A. Knopf.

Nguyen T K L, Ngo H H, Guo W, et al. 2019. Insight into greenhouse gases emissions from the two popular treatment technologies in municipal wastewater treatment processes[J]. Science of the Total Environment, 671: 1302-1313.

Nisar Q A, Nasir N, Jamshed S, et al. 2021. Big data management and environmental performance: role of big data decision-making capabilities and decision-making quality[J]. Journal of Enterprise Information Management, 34(4): 1061-1096.

OECD. 2014. Measuring the digital economy: a new perspective[R]. Paris : OECD Publications.

OECD. 2015. OECD digital economy outlook 2015[R]. Paris : OECD Publications.

OECD. 2017. OECD digital economy outlook 2017[R]. Paris : OECD Publications.

OECD. 2020. OECD digital economy outlook 2020[R]. Paris : OECD Publications.

Okpalaoka C I. 2023. Research on the digital economy: developing trends and future directions[J]. Technological Forecasting and Social Change, 193: 122635.

Ozcan B, Apergis N. 2018. The impact of internet use on air pollution: Evidence from emerging countries[J]. Environmental Science and Pollution Research International, 25(5): 4174-4189.

Ozili P K. 2021. Digital finance, green finance and social finance: is there a link?[J]. Financial Internet Quarterly, 17(1): 1-7.

Papaioannou T, Wield D, Chataway J. 2009. Knowledge ecologies and ecosystems? An empirically grounded reflection on recent developments in innovation systems theory[J]. Environment and Planning C: Government and Policy, 27(2): 319-339.

Parent O, LeSage J P. 2008. Using the variance structure of the conditional autoregressive spatial specification to model knowledge spillovers[J]. Journal of Applied Econometrics, 23(2): 235-256.

Pedroni P. 2004. Panel cointegration, asymptotic and finite sample properties of pooled time series tests with an application to the PPP hypothesis[J]. Econometric Theory, 20(3): 597-625.

Peng J, Wen L, Fu L, et al. 2020a. Total factor productivity of cultivated land use in China under environmental constraints: temporal and spatial variations and their influencing factors[J]. Environmental Science and Pollution Research International, 27(15): 18443-18462.

Peng J, Xiao J, Wen L, et al. 2019. Energy industry investment influences total factor productivity of energy exploitation: a biased technical change analysis[J]. Journal of Cleaner Production, 237: 117847.

Peng J, Xiao J, Zhang L, et al. 2020b. The impact of China's 'Atmosphere Ten Articles' policy on total factor productivity of energy exploitation: empirical evidence using synthetic control methods[J]. Resources Policy, 65: 101544.

Perez C. 1983. Structural change and assimilation of new technologies in the economic and social systems[J]. Futures, 15(5): 357-375.

Phan C T, Jain V P, Purnomo E P, et al. 2021. Controlling environmental pollution: dynamic role of fiscal decentralization in CO_2 emission in Asian economies[J]. Environmental Science and Pollution Research, 28(46): 65150-65159.

Porter M E, van der Linde C. 1995. Toward a new conception of the environment-competitiveness relationship[J]. Journal of Economic Perspectives, 9(4): 97-118.

Pradhan R P, Arvin M B, Nair M, et al. 2020. Sustainable economic growth in the European Union: the role of ICT, venture capital, and innovation[J]. Review of Financial Economics, 1: 34-62.

Pu J, Xu H, Yao B, et al. 2020. Estimate of hydrofluorocarbon emissions for 2012-16 in the Yangtze River Delta, China[J]. Advances in Atmospheric Sciences, 37(6): 576-585.

Pu Z, Liu J, Yang M. 2022. Could green technology innovation help economy achieve carbon neutrality development: evidence from Chinese cities[J]. Frontiers in Environmental Science, 10(5): 45-67.

Qi Y, Stern N, Wu T, et al. 2016. China's post-coal growth[J]. Nature Geoscience, 9(8): 564-566.

Qian X Y, Liang Q M. 2021. Sustainability evaluation of the provincial water-energy-food nexus in China: Evolutions, obstacles, and response strategies[J]. Sustainable Cities and Society, 75, 103332.

Qiao F, Williams J. 2022. Topic modelling and sentiment analysis of global warming tweets: evidence From big data analysis[J]. Journal of Organizational and End User Computing, 34(3): 1-18.

Raghutla C, Chittedi K R. 2020. Financial development, energy consumption, technology, urbanization, economic output and carbon emissions nexus in BRICS countries: an empirical analysis[J]. Management of Environmental Quality, 32(2): 290-307.

Ramanathan V, Xu Y. 2010. The Copenhagen Accord for limiting global warming: Criteria, constraints, and available avenues[J]. Proceedings of the National Academy of Sciences of the United States of America, 107(18): 8055-8062.

Ramirez Lopez L J, Aponte G P, Garcia A R. 2019. Internet of things applied in healthcare based on open hardware with low-energy consumption[J]. Healthcare Informatics Research, 25(3): 230-235.

Razzaq A, Sharif A, Ozturk I, et al. 2023. Asymmetric influence of digital finance, and renewable energy technology innovation on green growth in China[J]. Renewable Energy, 202: 310-319.

Rennings K. 2000. Redefining innovation: eco-innovation research and the contribution from ecological economics[J]. Ecological Economics, 32(2): 319-332.

Romer P M. 1990. Endogenous technological change[J]. Journal of Political Economy,

98(5): S71-S102.

Sadorsky P. 2012. Information communication technology and electricity consumption in emerging economies[J]. Energy Policy, 48: 130-136.

Saidi K, Toumi H, Zaidi S. 2017. Impact of information communication technology and economic growth on the electricity consumption: empirical evidence from 67 countries[J]. Journal of the Knowledge Economy, 8(3): 789-803.

Salahuddin M, Alam K. 2015. Internet usage, electricity consumption and economic growth in Australia: a time series evidence[J]. Telematics and Informatics, 32(4): 862-878.

Salahuddin M, Alam K, Ozturk I. 2016. The effects of Internet usage and economic growth on CO_2 emissions in OECD countries: a panel investigation[J]. Renewable and Sustainable Energy Reviews, 62: 1226-1235.

Sestino A, Prete M I, Piper L, et al. 2020. Internet of Things and Big Data as enablers for business digitalization strategies[J]. Technovation, 98: 102173.

Shao M, Xue M. 2022. Decomposition analysis of carbon emissions: considering China's energy efficiency[J]. Energy Reports, 8: 630-635.

Shin D, Choi M J. 2015. Ecological views of big data: perspectives and issues[J]. Telematics and Informatics, 32(2): 311-320.

Shrestha R M, Pradhan S. 2010. Co-benefits of CO_2 emission reduction in a developing country[J]. Energy Policy, 38(5): 2586-2597.

Sidorov A, Senchenko P. 2020. Regional digital economy: assessment of development levels[J]. Mathematics, 23: 1575.

Silverman B W. 1986. Density Estimation for Statistics and Data Analysis[M]. New York: Chapman and Hall.

Song M, Wang S. 2017. Participation in global value chain and green technology progress: evidence from big data of Chinese enterprises[J]. Environmental Science and Pollution Research, 24(2): 1648-1661.

Stallkamp M, Schotter A P J. 2021. Platforms without borders? The international strategies of digital platform firms[J]. Global Strategy Journal, 11(1): 58-80.

Stengers I, Prigogine I. 1984. Order Out of Chaos: Man's New Dialogue with Nature[M]. New York: Bantam New Age Books.

Stranlund J K, Son I. 2019. Prices versus quantities versus hybrids in the presence of co-pollutants[J]. Environmental and Resource Economics, 73(2): 353-384.

Strausz R. 2017. A theory of crowdfunding: a mechanism design approach with demand uncertainty and moral Hazard[J]. The American Economic Review, 107(6): 1430-1476.

Sun C, Zhang W, Fang X, et al. 2019. Urban public transport and air quality: Empirical study of China cities[J]. Energy Policy, 135: 90-105.

Sun H, Edziah B K, Sun C, et al. 2019. Institutional quality, green innovation and energy efficiency[J]. Energy Policy, 135: 11-20.

Sun X, Chen Z, Shi T, et al. 2021. Influence of digital economy on industrial wastewater discharge: evidence from 281 Chinese prefecture-level cities[J]. Journal of Water and Climate Change, 13(2): 593-606.

Sun X, Xiao S, and Ren X, et al. 2023. Time-varying impact of information and communication technology on carbon emissions[J]. Energy Economics, 118: 106492.

Sutherland W, Jarrahi M H. 2018. The sharing economy and digital platforms: a review and research agenda[J]. International Journal of Information Management, 43: 328-341.

Takase K, Murota Y. 2004. The impact of IT investment on energy: Japan and US comparison in 2010[J]. Energy Policy, 32(11): 1291-1301.

Tang H, Xie Y, Liu Y, et al. 2023. Distributed innovation, knowledge re-orchestration, and digital product innovation performance: the moderated mediation roles of intellectual property protection and knowledge exchange activities[J]. Journal of Knowledge Management, 27(10): 2686-2707.

Tang L, Lu B, Tian T. 2021. Spatial correlation network and regional differences for the development of digital economy in China[J]. Entropy, 23(12): 1575.

Tang X, Zhao X, Bai Y, et al. 2018. Carbon pools in China's terrestrial ecosystems: new estimates based on an intensive field survey[J]. Proceedings of the National Academy of Sciences of the United States of America, 115: 4021-4026.

Tapscott D. 1996. The Digital Economy: Promise and Peril in the Age of Networked Intelligence[M]. New York: McGraw-Hill.

Thayamkottu S, Joseph S. 2018. Tropical forest cover dynamics and carbon emissions: contribution of remote sensing and data mining techniques[J]. Tropical Ecology, 59(4): 555-563.

Thiel C, Nijs W, Simoes S, et al. 2016. The impact of the EU car CO_2 regulation on the energy system and the role of electro-mobility to achieve transport decarbonisation[J]. Energy Policy, 96: 153-166.

Tranos E, Kitsos T, Ortega-Argilés R. 2021. Digital economy in the UK: regional productivity effects of early adoption[J]. Regional Studies, 55(12): 1924-1938.

Trocin C, Hovland I V, Mikalef P, et al. 2021. How Artificial Intelligence affords digital innovation: a cross-case analysis of Scandinavian companies[J]. Technological Forecasting and Social Change, 173: 121081.

Udomsri S, Martin A R, Fransson T H. 2010. Economic assessment and energy model scenarios of municipal solid waste incineration and gas turbine hybrid dual-fueled cycles in Thailand[J]. Waste Management, 30(7): 1414-1422.

Ullah S, Khan F U, Ahmad N. 2022. Promoting sustainability through green innovation adoption: a case of manufacturing industry[J]. Environmental Science and Pollution Research, 29(14): 21119-21139.

Urbinati A, Chiaroni D, Chiesa V, et al. 2020. The role of digital technologies in open innovation processes: an exploratory multiple case study analysis[J]. R&D Management, 50(1): 136-160.

Vaia G, Arkhipova D, DeLone W. 2022. Digital governance mechanisms and principles that enable agile responses in dynamic competitive environments[J]. European Journal of Information Systems, 31(6): 662-680.

van Vuuren D P, Cofala J, Eerens H E, et al. 2006. Exploring the ancillary benefits of the Kyoto Protocol for air pollution in Europe[J]. Energy Policy, 34(4): 444-460.

Vandyck T, Keramidas K, Kitous A, et al. 2018. Air quality co-benefits for human health and agriculture counterbalance costs to meet Paris Agreement pledges[J]. Nature Communications, 9(1): 4939.

Verhoef P C, Broekhuizen T, Bart Y, et al. 2021. Digital transformation: a multidisciplinary reflection and research agenda[J]. Journal of Business Research, 122: 889-901.

Vial G. 2019. Understanding digital transformation: a review and a research agenda[J]. Journal of Strategic Information Systems, 28(2): 118-144.

Volkoff O, Strong D M. 2013. Critical realism and affordances: theorizing IT-associated organizational change processes[J]. MIS Quarterly, 37(3): 819-834.

Walrave B, Talmar M, Podoynitsyna K S, et al. 2018. A multi-level perspective on innovation ecosystems for path-breaking innovation[J]. Technological Forecasting and Social Change, 136: 103-113.

Wang H, Cao R, Zeng W. 2020b. Multi-agent based and system dynamics models integrated simulation of urban commuting relevant carbon dioxide emission reduction policy in China[J]. Journal of Cleaner Production, 272: 122620.

Wang K, Shu Q, Tu Q. 2008b. Technostress under different organizational environments: an empirical investigation[J]. Computers in Human Behavior, 24(6): 3002-3013.

Wang K, Yan M, Wang Y, et al. 2020a. The impact of environmental policy stringency on air quality[J]. Atmospheric Environment, 231: 24-67.

Wang K, Zhu R, Cheng Y. 2022b. Does the development of digital finance contribute to haze pollution control? Evidence from China[J]. Energies, 15(7): 67-77.

Wang L, Ahlstrom D, Nair A, et al. 2008a. Creating globally competitive and innovative products: China's next Olympic challenge[J]. SAM Advanced Management Journal, 73: 4-15.

Wang L, Chen L, Li Y. 2022c. Digital economy and urban low-carbon sustainable development: the role of innovation factor mobility in China[J]. Environmental Science and Pollution Research, 29: 48539-48557.

Wang L, Shao J. 2023. Digital economy, entrepreneurship and energy efficiency[J]. Energy, 269: 126801.

Wang X, Wang X, Ren X, et al. 2022a. Can digital financial inclusion affect CO_2 emissions of China at the prefecture level? Evidence from a spatial econometric approach[J]. Energy Economics, 109: 105966.

Watanabe C, Naveed K, Tou Y J, et al. 2018. Measuring GDP in the digital economy: increasing dependence on uncaptured GDP[J]. Technological Forecasting and Social Change, 137: 226-240.

Wei W, Zhang P, Yao M, et al. 2020. Multi-scope electricity-related carbon emissions accounting: a case study of Shanghai[J]. Journal of Cleaner Production, 252: 119789.

Wen H, Lee C, Song Z. 2021. Digitalization and environment: how does ICT affect enterprise environmental performance?[J]. Environmental Science and Pollution Research, 28(39): 54826-54841.

Wu P, Guo F, Cai B, et al. 2021. Co-benefits of peaking carbon dioxide emissions on air quality and health, a case of Guangzhou, China[J]. Journal of Environmental

Management, 282: 111796.

Xu B, Lin B. 2016. Regional differences in the CO_2 emissions of China's iron and steel industry: Regional heterogeneity[J]. Energy Policy, 88(4): 422-434.

Xu M, Qin Z, Zhang S. 2021. Carbon dioxide mitigation co-effect analysis of clean air policies: lessons and perspectives in China's Beijing-Tianjin-Hebei region[J]. Environmental Research Letters, 16(1): 015006.

Xu Y, Zhang W, Huo T, et al. 2023. Investigating the spatio-temporal influences of urbanization and other socioeconomic factors on city-level industrial NO_x emissions: a case study in China[J]. Environmental Impact Assessment Review, 99: 106998.

Yang H, Liu J, Jiang K, et al. 2018. Multi-objective analysis of the co-mitigation of CO_2 and $PM_{2.5}$ pollution by China's iron and steel industry[J]. Journal of Cleaner Production, 185(4): 331-341.

Yang J, Li X, Huang S. 2020. Impacts on environmental quality and required environmental regulation adjustments: a perspective of directed technical change driven by big data[J]. Journal of Cleaner Production, 275(7): 124126.

Yang J, Zhao Y, Cao J, et al. 2021a. Co-benefits of carbon and pollution control policies on air quality and health till 2030 in China[J]. Environment International, 152(3): 106482.

Yang L, Wang L, Ren X. 2021b. Assessing the impact of digital financial inclusion on $PM_{2.5}$ concentration: evidence from China[J]. Environmental Science and Pollution Research International, 29(15): 22547-22554.

Yi H, Zhao L, Qian Y, et al. 2022a. How to achieve synergy between carbon dioxide mitigation and air pollution control? Evidence from China[J]. Sustainable Cities and Society, 78(14): 16-67.

Yi M, Liu Y, Sheng M S, et al. 2022b. Effects of digital economy on carbon emission reduction: New evidence from China[J]. Energy Policy, 171: 113271.

Yi Y, Cheng R, Wang H, et al. 2023. Industrial digitization and synergy between pollution and carbon emissions control: new empirical evidence from China[J]. Environmental Science and Pollution Research, 30(13): 103609.

Yu Y, Jin Z, Li J, et al. 2020. Low-carbon development path research on China's power industry based on synergistic emission reduction between CO_2 and air pollutants[J]. Journal of Cleaner Production, 275(5): 123097.

Yu Y, Liu H. 2020. Economic growth, industrial structure and nitrogen oxide emissions reduction and prediction in China[J]. Atmospheric Pollution Research, 11(7): 1042-1050.

Zaman K, Abd-el Moemen M. 2017. The influence of electricity production, permanent cropland, high technology exports, and health expenditures on air pollution in Latin America and the Caribbean Countries[J]. Renewable and Sustainable Energy Reviews, 76(6): 1004-1010.

Zhang L, Wilson J P, MacDonald B, et al. 2020. The changing $PM_{2.5}$ dynamics of global megacities based on long-term remotely sensed observations[J]. Environment International, 142: 105862.

Zhang M, Liu Y. 2022. Influence of digital finance and green technology innovation on China's carbon emission efficiency: empirical analysis based on spatial metrology[J]. The Science of the Total Environment, 838: 156463.

Zhang W, Liu X, Wang D, et al. 2022. Digital economy and carbon emission performance: Evidence at China's city level[J]. Energy Policy, 165(4): 112927.

Zhang Y, Ma S, Yang H, et al. 2018. A big data driven analytical framework for energy-intensive manufacturing industries[J]. Journal of Cleaner Production, 197(7): 57-72.

Zhao Y, Zhou Y. 2022. Measurement method and application of a deep learning digital economy scale based on a big data cloud platform[J]. Journal of Organizational and End User Computing, 34(3): 1-17.

Zheng C, Zhang H, Cai X, et al. 2021. Characteristics of CO_2 and atmospheric pollutant emissions from China's cement industry: a life-cycle perspective[J]. Journal of Cleaner Production, 282(3): 124533.

Zheng Y, Peng J, Xiao J, et al. 2020. Industrial structure transformation and provincial heterogeneity characteristics evolution of air pollution: Evidence of a threshold effect from China[J]. Atmospheric Pollution Research, 11(3): 598-609.

Zhong W, Jiang T. 2020. Can internet finance alleviate the exclusiveness of traditional finance? Evidence from Chinese P2P lending markets[J]. Finance Research Letters, 40(14): 10-17.

Zittrain J L. 2006. The generative internet[J]. Harvard Law Review, 119(7): 1974-2040.

Zugravu-Soilita N. 2017. How does foreign direct investment affect pollution? Toward a better understanding of the direct and conditional effects[J]. Environmental and Resource Economics, 66(2): 293-338.